高等院校
数字艺术精品课程系列教材

Photoshop 2021

Photoshop

全彩
微课版

创意设计项目实战

沈丽贤 兰育平 张泽民 ◎ 主编　　袁苗 张榕玲 黄雪琪 包之明 曹瀚文 ◎ 副主编

人民邮电出版社

北　京

图书在版编目（CIP）数据

Photoshop创意设计项目实战 : Photoshop 2021 : 全彩微课版 / 沈丽贤，兰育平，张泽民主编. -- 北京 : 人民邮电出版社，2024.3
高等院校数字艺术精品课程系列教材
ISBN 978-7-115-62762-9

Ⅰ. ①P… Ⅱ. ①沈… ②兰… ③张… Ⅲ. ①图像处理软件－高等学校－教材 Ⅳ. ①TP391.413

中国国家版本馆CIP数据核字(2023)第184573号

内 容 提 要

本书依据创意设计的应用领域和岗位技能，基于巧用、活用 Photoshop 的指导思想，按照读者的学习规律，由浅入深，全面、系统地介绍 Photoshop 的基本知识和综合操作技能。本书分为图形图标篇、商业修图篇、创意图像合成篇、文字特效篇、动画篇。读者可以通过微课讲堂、创意设计、思维拓展、课后实践等环节，熟练地掌握 Photoshop 的用法，了解图形图像创意设计工作的内容。

本书配套提供所有案例的素材和效果文件、微课教学视频、PPT 课件等丰富的资源。本书可作为职业院校计算机类、艺术设计类、电商类等相关专业 Photoshop 课程的教材，也可作为 Photoshop 平面设计人员和爱好者的自学用书。

◆ 主　　编　沈丽贤　兰育平　张泽民
　　副 主 编　袁　苗　张榕玲　黄雪琪　包之明　曹瀚文
　　责任编辑　马　媛
　　责任印制　王　郁　焦志炜

◆ 人民邮电出版社出版发行　　北京市丰台区成寿寺路 11 号
　　邮编　100164　电子邮件　315@ptpress.com.cn
　　网址　https://www.ptpress.com.cn
　　雅迪云印（天津）科技有限公司印刷

◆ 开本：787×1092　1/16
　　印张：13.25　　　　　　　　　　2024 年 3 月第 1 版
　　字数：332 千字　　　　　　　　2024 年 3 月天津第 1 次印刷

定价：69.80 元

读者服务热线：(010)81055256　印装质量热线：(010)81055316
反盗版热线：(010)81055315
广告经营许可证：京东市监广登字 20170147 号

前　言　　FOREWORD

Photoshop 是一款专业的图形图像处理软件，是平面设计师的必备工具之一。它功能强大、应用广泛，主要应用于平面设计、电商设计、摄影后期、网页设计、UI 设计、室内效果图后期处理等领域，是计算机类、艺术设计类、电商类等相关专业人员必须掌握的软件。

为了让读者更快地掌握 Photoshop 的应用，快速上手商业实战项目，本书立足于 Photoshop 常用、实用的功能，围绕 Photoshop 创意设计项目的实战进行编写，力求为读者提供一套易上手、有创意、含实战、能提升的 Photoshop 一站式学习方案。

内容特色

本书编者学习贯彻党的二十大精神，以社会主义核心价值观为引领编写本书，挖掘中华优秀传统文化，让本书内容体现时代性、把握规律性、富于创造性。

本书的内容特色有以下 4 个方面。

入门轻松易提升：本书依据创意设计的应用领域和岗位技能，基于巧学、活用 Photoshop 工具的指导思想，按照读者的学习规律，由浅入深，全面、系统地介绍 Photoshop 的基本知识和综合操作技能，力求使零基础的读者能轻松入门，熟练掌握专业技能，训练创意设计思维，实现"做中学、学中悟、悟中做"，全面提升项目设计能力。

闭环实战易上手：本书围绕"创意设计教学"这条主线，以真实设计案例、典型工作任务为载体，按职业教育规律，采取递进式、模块化的方式构建 Photoshop 的知识体系。以项目导入、任务驱动的模式，用以下五大环节实现完整项目的闭环学习和训练。

- 【微课讲堂】：讲解工具的应用。
- 【创意设计】：项目的实现。
- 【创想火花】：引导思路的拓展。
- 【思维拓展】：引导自主思考。
- 【课后实践】：巩固所学知识的实践训练。

素养提升进课堂：本书注重文化意蕴、德育内涵的融入，通过在【创意设计】的【设计背景】板块中融入不同主题，凸显厚德强技的职业规范，提升读者的思想水平。

备教自学都轻松：本书配有微课教学视频、所有案例的素材和效果文件、PPT 教学课件等丰富的资源。

教学内容和课时安排

本书共 13 个项目，教学内容和课时安排如下。

项目	教学内容	具体任务	课时
项目 1	Photoshop 2021 快速入门	（1）【微课讲堂】转换颜色模式； （2）【微课讲堂】定义个人创享工作区； （3）【微课讲堂】文件的基本操作； （4）【微课讲堂】图层的操作； （5）【创意设计】海报设计（选做）	5
项目 2	绘图工具的应用	（1）【微课讲堂】油漆桶工具； （2）【微课讲堂】图案填充； （3）【微课讲堂】渐变工具； （4）【创意设计】公交卡设计； （5）【微课讲堂】画笔工具； （6）【微课讲堂】颜色替换工具； （7）【创意设计】入场券设计（选做）	5
项目 3	形状工具和图层效果	（1）【微课讲堂】规则形状绘制 1； （2）【微课讲堂】规则形状绘制 2； （3）【微课讲堂】任意形状绘制； （4）【微课讲堂】图层样式 1； （5）【微课讲堂】图层样式 2； （6）【微课讲堂】图层的混合模式； （7）【创意设计】网站设计（专周）	7
项目 4	图标创意设计	【创意设计】图标设计	5
项目 5	选区工具的应用	（1）【微课讲堂】矩形选框工具； （2）【微课讲堂】椭圆选框工具； （3）【微课讲堂】套索工具； （4）【微课讲堂】多边形套索工具； （5）【微课讲堂】磁性套索工具； （6）【微课讲堂】魔棒工具； （7）【创意设计】宣传展板设计（课外作业）	3
项目 6	图像的裁剪和修复	（1）【微课讲堂】裁剪工具； （2）【微课讲堂】透视裁剪工具； （3）【微课讲堂】仿制图章工具； （4）【微课讲堂】修复画笔工具； （5）【微课讲堂】污点修复画笔工具； （6）【微课讲堂】修补工具； （7）【微课讲堂】内容感知移动工具； （8）【创意设计】网站设计	5
项目 7	调整图像的色彩和色调	（1）【微课讲堂】直方图； （2）【微课讲堂】色阶三滑块调整； （3）【微课讲堂】色阶三吸管调整； （4）【微课讲堂】曲线； （5）【创意设计】装饰画设计（选做）； （6）【微课讲堂】色相 / 饱和度； （7）【微课讲堂】色彩平衡； （8）【微课讲堂】色调分离； （9）【微课讲堂】阈值； （10）【创意设计】装饰画设计	5

项目	教学内容	具体任务	课时
项目 8	抠图工具和通道的应用	（1）【微课讲堂】橡皮擦工具； （2）【微课讲堂】魔术橡皮擦工具抠图； （3）【微课讲堂】背景橡皮擦工具抠图； （4）【创意设计】灯箱广告设计 1； （5）【微课讲堂】动物毛发抠图； （6）【微课讲堂】人物头发抠图； （7）【创意设计】儿童画册设计（课外作业）； （8）【微课讲堂】半透明图像抠图 1； （9）【微课讲堂】半透明图像抠图 2； （10）【创意设计】灯箱广告设计 2	7
项目 9	蒙版	（1）【微课讲堂】图层蒙版； （2）【微课讲堂】剪贴蒙版； （3）【创意设计】宣传单设计	5
项目 10	滤镜	（1）【微课讲堂】极坐标； （2）【微课讲堂】模糊； （3）【创意设计】手机 App 闪屏设计（选做）； （4）【微课讲堂】滤镜 1； （5）【微课讲堂】滤镜 2； （6）【创意设计】App 界面设计	5
项目 11	创意广告设计	【创意设计】创意广告设计	2
项目 12	文字特效的应用	（1）【微课讲堂】文字特效； （2）【微课讲堂】文字的排版； （3）【创意设计】邀请函设计（专周）	5
项目 13	动画制作和"动作"面板	（1）【微课讲堂】动画制作； （2）【创意设计】公益广告； （3）【微课讲堂】"动作"面板	5
课时总计			64

本书由广西机电职业技术学院教学团队和广西职业师范学院教学团队根据多年教学经验以及广西精传文化传播有限公司团队根据多年项目设计经验共同编写而成，由沈丽贤、兰育平、张泽民担任主编，袁苗、张榕玲、黄雪琪、包之明、曹瀚文担任副主编。国家"万人计划"领军人才、全国优秀教师张泽民老师和全国优秀教师包之明老师在本书编写过程中提供了丰富的案例。广西精传文化传播有限公司的周海军担任编写顾问，确保本书案例符合行业实际。

由于编者水平有限，书中难免存在疏漏与不当之处，恳请各位读者提出宝贵意见，使本书在教学实践中不断完善。

编者

2023 年 3 月

目 录　　C O N T E N T S　　

图形图标篇

项目 6 图像的裁剪和修复

项目 7 调整图像的色彩和色调

项目 8　抠图工具和通道的应用

创意图像合成篇

项目 9　蒙版

CONTENTS | V

文字特效篇

项目12 文字特效的应用

图形图标篇

01 ——————————— 项目 1

Photoshop 2021 快速入门

学习目标

知识目标

- 掌握常用的图像文件格式和颜色模式；
- 认识 Photoshop 2021 的工作界面；
- 掌握文件的基本操作；
- 了解图层的操作。

能力目标

- 能使用命令转换颜色模式；
- 能灵活创建个性化工作区；
- 能灵活运用图层和基本文件操作进行海报设计。

素养目标

通过制作项目，树立家国情怀，培养能吃苦、肯奋斗，具有时代责任感和使命担当的新青年品质。

【项目引入】海报设计——青春飞扬

Photoshop 是专业的图形图像处理软件，是设计师的必备工具之一。

本项目通过制作青春飞扬海报，介绍 Photoshop 的工作界面、图层，以及文件的基本操作方法，海报的最终效果如图 1-1 所示。

图 1-1

【相关知识】

1.1 常用的图像文件格式和颜色模式

Photoshop 中常用的图像文件格式和颜色模式多种多样。

1.1.1 常用的图像文件格式

日常生活中存在许多不同类型的图像文件格式，不同的图像文件格式所呈现出来的视觉效果不同。网页设计过程中，经常使用的图像文件格式有以下几种。

❶ JPEG 格式（.jpg）：JPEG 格式是目前常用的数字图像存储方式，支持显示上百万种颜色。该格式的图像文件压缩比高、图像质量受损小。

❷ GIF 格式（.gif）：GIF 格式支持透明背景图像和动画格式，以 GIF 格式存储的图像文件大小很小。GIF 格式的缺点是只能显示 256 种颜色，不能用于存储高质量的图像。

❸ PNG 格式（.png）：PNG 格式是一种新型 Web 图像文件格式，具有良好的压缩功能和无限调色板功能，同时还支持透明背景图像。

❹ PSD 格式（.psd）：PSD 格式是 Photoshop 默认的保存格式，是支持全部图像颜色模式的格式，该格式可以保存图像的图层、通道等信息。设计者为方便随时修改作品，一般会将文件保存为 PSD 格式。

❺ TIFF 格式（.tif）：TIFF 格式是一种与平台无关的图像文件格式，支持 CMYK、RGB、Lab、索引、彩色、灰度等多种颜色模式，可以包含内嵌路径，支持 Alpha 通道和图层的保存。TIFF 格式是印前工作流程中常用的图像文件格式，不仅适用于印刷排版，而且可以直接用于印刷输出。

除了以上几种应用广泛的图像文件格式，还有其他图像文件格式，如 BMP 格式、EPS 格式等。可以根据实际需要选择合适的图像文件格式，参考选择如下。

❶ 网络图像：JPEG 格式、PNG 格式、GIF 格式。

❷ Photoshop 工作：PSD 格式、PPD 格式、TIFF 格式。

❸ 数字印刷：TIFF 格式、PSD 格式、JPEG 格式。

❹ 出版物：PDF 格式。

1.1.2 颜色模式

Photoshop 提供了多种颜色模式，这些颜色模式是图像文件能够在屏幕上显示和进行数字印刷的重要保障。常用的颜色模式有以下几种。

❶ RGB 模式：RGB 模式常用于屏幕显示。一幅 24 位的 RGB 图像有 3 个颜色通道：红色（R）、绿色（G）、蓝色（B）。每个通道都有 0 ～ 255 级的亮度值色域，3 种颜色叠加可以形成 $256 \times 256 \times 256 \approx 1678$ 万种颜色，即真彩色。

❷ CMYK 模式：CMYK 模式是常用的打印模式。C（Cyan，青色）、M（Magenta，洋红色）、Y（Yellow，黄色）、K（Black，黑色）代表数字印刷使用的 4 种油墨色。

❸ Lab 模式：Lab 模式是一种国际标准颜色模式，Lab 模式的图像由 3 个通道组成，即明度（L）、色相（a）和饱和度（b），是一种独立于设备存在的颜色模式。

❹ **灰度模式**：灰度模式中只存在灰度。在 8 位图像中，最多有 256 级灰色调。亮度是控制灰度的唯一要素。亮度越高，灰度越浅，越接近白色；亮度越低，灰度越深，越接近黑色。

❺ **索引模式**：索引模式只能存储最多具有 8 位的颜色信息的文件，即最多 256 种颜色。这 256 种颜色预先定义在颜色对照表中，当打开图像文件时，颜色对照表也一同被读入 Photoshop 中。

【微课讲堂】转换颜色模式——多彩的气球

为了让输出的图像适应不同的场合，有时需要把图像从一种颜色模式转换为另一种颜色模式。选择【图像】-【模式】子菜单中的命令，可完成颜色模式的转换。颜色模式的转换有时会损失部分颜色信息，因此在转换前最好为图像保存一个备份文件，以便在必要时恢复图像。

> **任务素材**　素材文件 \ Ch01\ 1.1 多彩的气球 \ 素材 01
> **任务效果**　实例文件 \ Ch01\ 素材 01CMYK

❶ **打开文件。** 在菜单栏中选择【文件】-【打开】命令，打开文件"素材文件 \ Ch01\ 1.1 多彩的气球 \ 素材 01"，效果如图 1-2 所示。

❷ **查看颜色模式。** 在菜单栏中选择【图像】-【模式】命令，可以看到子菜单中的【索引颜色】命令左侧有个钩，这就是当前图像的颜色模式，如图 1-3 所示。

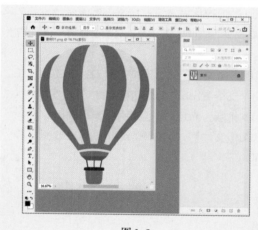

图 1-2

图 1-3

❸ **转换颜色模式。** 在【模式】子菜单中选择【CMYK 颜色】命令，在弹出的对话框中单击【确定】按钮，如图 1-4 所示，可将图像的颜色模式转换为 CMYK 模式。

❹ **保存文件。** 在菜单栏中选择【文件】-【存储为】命令，文件名设为"素材 01CMYK"，保存类型设为"Photoshop(*.PSD；*.PDD；*.PSDT)"，单击【保存】按钮，如图 1-5 所示。

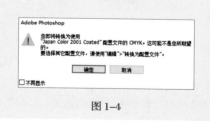

图 1-4

图 1-5

使用技巧	·RGB 模式和 CMYK 模式的图像在计算机屏幕上看起来差别不是很明显，但应用的场合有所不同。 ·图像在进行颜色模式转换时会损失一些颜色信息。将彩色图像转换成灰度图像时，Photoshop 会丢弃原图像中所有的颜色信息，转换后的灰度图像将不能再转换为彩色图像。

1.2　Photoshop 2021 的工作界面

1.2.1　认识工作界面

Photoshop 的工作界面包含菜单栏、标题栏、选项卡、属性栏、工作区域、工具箱、状态栏和面板组等，如图 1-6 所示。

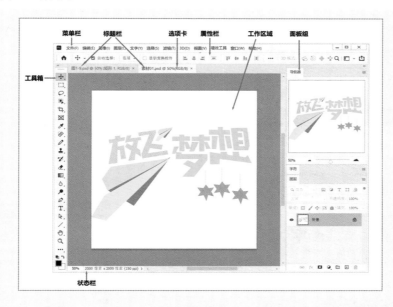

图 1-6

- **菜单栏**：菜单栏中包含各种命令，单击菜单名称即可打开相应的菜单。
- **标题栏**：显示文件名称、图像文件格式、缩放比例和颜色模式等信息。如果图像文件中包含多个图层，则标题栏中还会显示当前工作图层的名称。
- **选项卡**：打开多个图像文件时，工作区域中只显示一个图像文件，其他图像文件则以选项卡的形式显示。单击选项卡的标题栏便可显示相应的图像文件。
- **属性栏**：用于设置工具的各种属性。选择某个工具后，在菜单栏的下方会显示该工具对应的属性。
- **工作区域**：用于显示和编辑图像的区域。

- **工具箱**：Photoshop 的工具箱提供了许多强大的工具，单击某工具按钮可以选择该工具。
- **状态栏**：显示图像文件的信息，如大小、尺寸、缩放比例等。
- **面板组**：Photoshop 为用户提供了多个面板组，用户可以随意切换各面板，也可以对面板进行重新组合。

1.2.2 创建个性化工作区

在 Photoshop 中，用户选择"绘画"工作区，工作界面中会显示与画笔、颜色等相关的各种面板，并隐藏其他面板，以方便操作。我们也可以根据自己的使用习惯创建自定义的工作区。

【微课讲堂】定义个人创享工作区

任务素材 素材文件 \ Ch01\1.2 定义个人创享工作区 \ 素材 01

❶ **打开文件**。打开文件"素材文件 \ Ch01\1.2 定义个人创享工作区 \ 素材 01"，在菜单栏中选择【窗口】菜单，如图 1-7 所示。

❷ **切换为预设 3D 工作区**。选择【工作区】-【3D】命令，如图 1-8 所示，可以快速切换为 Photoshop 提供的预设 3D 工作区。【3D】、【图形和 Web】、【动感】、【绘画】和【摄影】是切换预设工作区的命令。

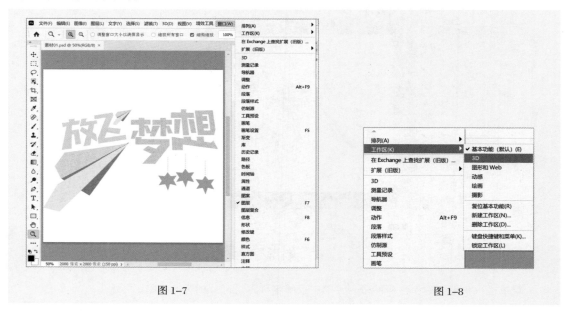

图 1-7　　　　　　　　　　　　　　　　　　图 1-8

❸ **恢复为默认工作区**。在菜单栏中选择【窗口】-【工作区】-【基本功能（默认）】命令，可以将工作区恢复为 Photoshop 默认的工作区。选择【复位基本功能】命令，则可复位为基本功能工作区。

❹ **打开或关闭面板**。在菜单栏中选择【窗口】-【属性】或【颜色】等命令，可将面板打开或关闭。

❺ **组合面板组**。在菜单栏中选择【窗口】-【导航器】或【字符】等命令，如图 1-9 所示，可将需要的面板打开。拖动面板的名称，可以重新组合面板组。

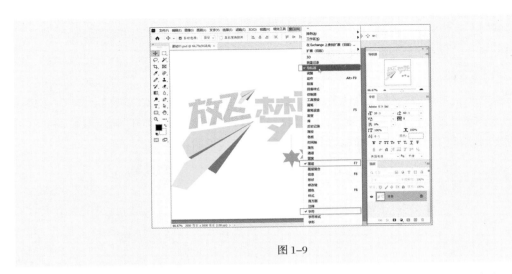

图 1-9

⑥ 保存自定义的工作区。在菜单栏中选择【窗口】-【工作区】-【新建工作区】命令，如图 1-10
所示。在弹出的"新建工作区"对话框中输入工作区的名称"我的创享工作区"，如图 1-11 所示。
默认情况下只存储面板位置，但键盘快捷键、菜单和工具栏的当前状态也可以保存到自定义的工作
区中。单击【存储】按钮即可保存。

7

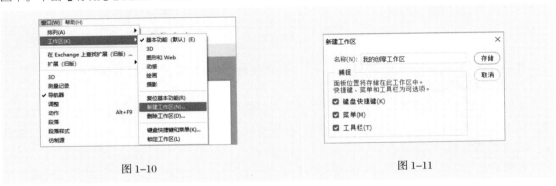

图 1-10　　　　　　　　　　　　　　　　　　　图 1-11

- 调用自定义工作区：选择【窗口】-【工作区】命令，可以看到自定义的工作区，选
  择它即可切换到该工作区。
- 删除工作区：选择【窗口】-【工作区】-【删除工作区】命令，弹出"删除工作区"
  对话框，在列表中选择需要删除的工作区的名称，单击【删除】按钮即可删除工作区。

1.3　文件的基本操作

【微课讲堂】文件的基本操作——海报设计

新建图像文件时，可以在"新建文档"对话框中设置宽度、高度、分辨率、颜色模式和背景内
容等参数。

任务素材 素材文件 \ Ch01\1.3 青春飞扬 \ 素材 01 ～素材 03

任务效果 实例文件 \ Ch01\ 青春飞扬

1．新建图像文件

❶ **新建文件**。在菜单栏中选择【文件】-【新建】命令，或者按快捷键【Ctrl+N】，弹出"新建文档"对话框，设置宽度为"20 厘米"，高度为"30 厘米"，分辨率为"72 像素 / 英寸"，颜色模式为"RGB 颜色"，背景内容为"白色"，单击【创建】按钮，如图 1-12 所示。

图 1-12

❷ **保存文件**。在菜单栏中选择【文件】-【存储为】命令，文件名设为"海报设计"。

2．视图缩放与图像显示

【缩放工具】 用于在视图上实现图像的放大和缩小，但图像的实际尺寸不会发生变化。当视图放大后，可借助【抓手工具】 移动画面，以便观察不同位置的局部细节。为了方便编辑和对比多个图像，可以对多个图像进行不同形式的显示和排列。

❶ **打开多个文件**。在菜单栏中选择【文件】-【打开】命令，在弹出的"打开"对话框中按住【Ctrl】键并单击"素材 01"和"素材 02"，单击【打开】按钮，同时打开这两个素材文件，如图 1-13 所示。

❷ **显示多个图像**。在菜单栏中选择【窗口】-【排列】-【全部垂直拼贴】命令，如图 1-14 所示，可显示多个图像。

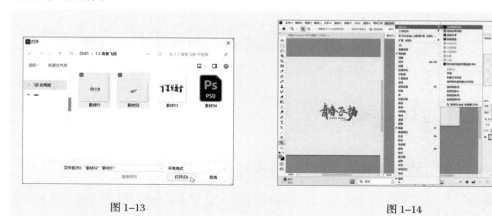

图 1-13   图 1-14

❸ **缩放视图**。选择工具箱中的【缩放工具】，在属性栏中单击【放大】/【缩小】🔍 🔍，在需要缩放的图像区域单击或者按住鼠标左键并拖曳，可放大/缩小图像的局部区域，放大效果如图 1-15 所示。

❹ **调整视图的位置**。当视图放大/缩小后，按住【Space】键切换为【抓手工具】✋，可向各个方向拖动鼠标来调整视图的位置，以便观察不同位置的局部细节，如图 1-16 所示。

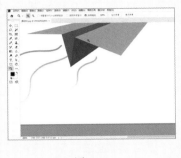
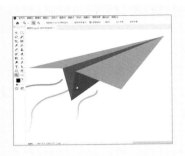

图 1-15　　　　　　　　　　　　　　　图 1-16

❺ **移动局部图像到其他文件**。选择工具箱中的【矩形选框工具】⬚，在"素材 02"的图像上框选出局部图像，选择【移动工具】✛，按住鼠标左键，将局部图像拖曳到"素材 01"的图像中，如图 1-17 所示。

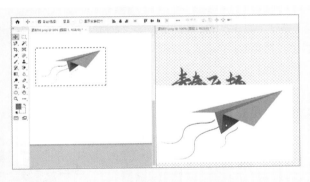

图 1-17

❻ **删除白色背景**。选择工具箱中的【魔棒工具】🪄，在局部图像中的白色背景部分单击，该部分变为选区，如图 1-18 所示。按【Delete】键，删除背景。按快捷键【Ctrl+D】，取消选区，调整纸飞机到合适的位置，完成图像的制作，效果如图 1-19 所示。

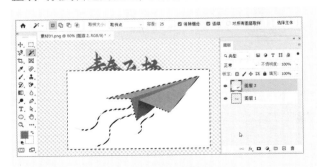

图 1-18　　　　　　　　　　　　　　　图 1-19

3. 图像文件的保存和关闭

❶ **保存图像文件**。在菜单栏中选择【文件】-【存储为】命令或按快捷键【Ctrl+S】，在弹出的对话框中输入文件名称、选择文件保存位置和格式，并单击【保存】按钮。

❷ **关闭图像文件**。保存图像文件后，就可以将其关闭了，关闭图像文件的方法有多种。方法 1，在菜单栏中选择【文件】-【关闭】命令或按快捷键【Ctrl + W】；方法 2，单击标题栏右侧的【关闭】按钮 ✕ 。

4. 打开和置入图像文件

❶ **打开图像文件**。打开图像文件的方法有多种。方法 1，在菜单栏中选择【文件】-【打开】命令；方法 2，按快捷键【Ctrl+O】；方法 3，在 Photoshop 的工作界面中双击；方法 4，直接将图像文件拖曳到 Photoshop 工作界面中。分别用以上 4 种方法，打开之前保存的"海报设计"文件。

❷ **置入图像文件**。将其他图像文件置入打开的图像文件中的方法有多种。方法 1，在菜单栏中选择【文件】-【置入嵌入对象】命令；方法 2，直接将需要的图像文件拖曳到打开的图像文件中，使用这种方法可将 JPEG、EPS、PDF、AI 等格式的图像文件作为矢量对象置入打开的图像文件中。分别用以上两种方法，将"素材 01"置入"海报设计"文件中，按【Enter】键确认置入，如图 1-20 所示。

❸ **继续置入图像文件**。用同样的方法把"素材 02""素材 03"置入"海报设计"文件中，如图 1-21 所示。选择工具箱中的【移动工具】，将"素材 02""素材 03"移动到合适的位置，在"图层"面板中将"素材 02"图层和"素材 03"图层拖曳到"背景"图层上面。

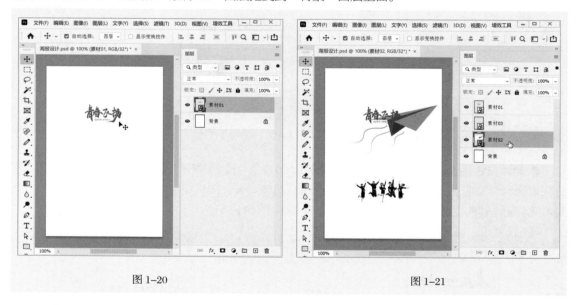

图 1-20   图 1-21

❹ **保存图像文件**。在菜单栏中选择【文件】-【存储为】命令，文件名设为"青春飞扬"，保存类型设为"PSD"，将文件保存为分图层的图像文件格式，方便后续对文件进行修改。

使用技巧

"新建文档"对话框中的部分选项介绍如下。

- 名称：新建的图像文件的名称默认为"未标题-1"。若多次创建文件，则默认的名称中序列号的数值会依次增加。
- 预设：可以选取预先设置好的画布尺寸。
- 宽度、高度：在文本框中输入具体数值，以设置宽度和高度。
- 分辨率：用于设置文件的分辨率，单位有"像素/英寸"和"像素/厘米"。一般用于屏幕显示的文件分辨率为 72 像素/英寸，用于印刷的文件分辨率为 150～300 像素/英寸。
- 颜色模式：有位图、灰度、RGB 颜色、CMYK 颜色、Lab 颜色 5 种。
- 背景内容：用于选择画布颜色，可选白色、黑色、背景色、透明、自定义。

1.4　认识图层

图层是掌握 Photoshop 操作的基础。图层就像一张张按顺序叠放在一起的包含文字、图形等元素的透明胶片，多个图层组合呈现最终的合成图像效果。多个图层叠加时，透过上面图层的透明区域，可以看到下面图层的图像，但上面图层有像素的区域会遮挡下面图层的图像。

【微课讲堂】图层的操作——春天

任务素材	素材文件 \ Ch01\ 1.3 青春飞扬 \ 素材 04
任务效果	实例文件 \ Ch01\ 春天
微课讲堂	扫一扫 观看微课教学视频

扫码观看视频

1. 新建图层与编辑图层

❶ **打开文件。** 打开文件"素材文件 \ Ch01\ 1.3 青春飞扬 \ 素材 04"，如图 1-22 所示。

图 1-22

❷ **新建图层并命名。** 在菜单栏中选择【图层】-【新建】-【图层】命令，或按住【Alt】键并单击"图层"面板底部的【创建新图层】按钮 ⊡，在弹出的"新建图层"对话框中输入新图层的名称"太阳"，

如图 1-23 所示，单击【确定】按钮。

图 1-23

❸ **选择隐藏工具并在新图层上绘制圆形**。长按【矩形选框工具】按钮，选择隐藏工具中的【椭圆选框工具】，在图像中直接拖曳鼠标可绘制椭圆形，按住【Shift】键并拖曳鼠标可以绘制圆形。这里绘制一个圆形，如图 1-24 所示。

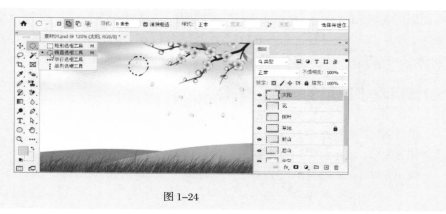

图 1-24

❹ **设置羽化值和前景色**。在菜单栏中选择【选择】-【修改】-【羽化】命令，设置羽化值为"10像素"。单击工具箱中的【前景色】按钮，弹出"拾色器（前景色）"对话框，设置 R 为"255"、G 为"255"、B 为"0"，单击【确定】按钮，如图 1-25 所示。

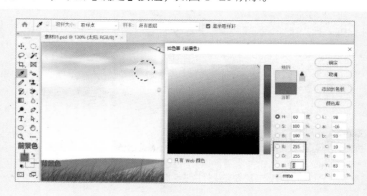

图 1-25

❺ **填充颜色**。在菜单栏中选择【编辑】-【填充】命令，弹出"填充"对话框，设置内容为"前景色"，单击【确定】按钮将选区填充为黄色，如图 1-26 所示。按快捷键【Ctrl+D】取消选区。

图 1-26

2．图层的设置

❶ **显示 / 隐藏图层**。打开与关闭"图层"面板上某个图层的【指示图层可见性】图标 ，可以控制单个图层的显示与隐藏。按住【Alt】键并单击"背景"图层的【指示图层可见性】图标，可只显示"背景"图层，其他图层全部隐藏，按住【Alt】键再次单击"背景"图层的【指示图层可见性】图标则会显示全部图层。将"花"图层隐藏，将"树叶""后山""前山"三个图层显示，并把太阳移动到右上方的位置，如图 1-27 所示。

图 1-27

❷ **调整图层顺序**。将"前山"图层拖曳到"后山"图层的上方，如图 1-28 所示。

图 1-28

❸ 选择多个不连续的图层和锁定图层。单击"树叶"图层后，按住【Ctrl】键并单击"太阳"图层，可以同时选中这两个图层。单击【锁定】按钮🔒，可将这两个图层锁定，如图 1-29 所示。锁定图层中的图像是不能移动和编辑的。选择"草地"图层，单击【锁定】按钮，可将该图层解锁，该图层变为普通图层。

❹ 选择多个连续的图层和链接图层。单击"草地"图层后，按住【Shift】键并单击"后山"图层，可选择连续的 3 个图层。单击"图层"面板底部的【链接图层】按钮 ∞，可将选择的图层链接为一个整体，如图 1-30 所示。使用【移动工具】或进行自由变换时，链接图层会作为一个整体进行操作。

图 1-29 　　　　　　　　　　　　　　　　　　　　　　　　　图 1-30

3．复制、重命名与删除图层

❶ 复制图层。单击"草地"图层，按快捷键【Ctrl+J】；或者将"草地"图层拖曳到"图层"面板底部的【创建新图层】按钮上可得到"草地 拷贝"图层。选择工具箱中的【移动工具】，按键盘的【↑】键两次，将"草地 拷贝"图层中的元素向上移动，使草地更密集，如图 1-31 所示。

❷ 重命名图层。双击"草地 拷贝"图层名称，可对该图层进行重命名，如图 1-32 所示。

图 1-31 　　　　　　　　　　　　　　　　　　　　　　　　　图 1-32

❸ 删除图层。选择"花"图层，单击"图层"面板底部的【删除图层】按钮🗑；或者直接把"花"图层拖曳到【删除图层】按钮上；或者按【Delete】键，将"花"图层删除。

4．合并图层与编组

❶ 合并图层。按住【Ctrl】键并单击"草地 拷贝"图层和"草地"图层，按快捷键【Ctrl+E】；或者右击并在弹出的菜单中选择【合并图层】命令，将 2 个图层合并。

❷ 创建图层组。同时选中"草地"图层、"天空"图层及它们之间的图层，按快捷键【Ctrl+G】；

或者单击"图层"面板底部的【创建新组】按钮，创建新的图层组。默认组名为"组 1"，双击图层组名称，重命名为"背景"，如图 1–33 所示。

图 1–33

❸ 保存文件。将制作好的文件另存为"春天 .psd"。

使用技巧

• 背景图层：锁定的背景图层不能编辑和移动，可双击背景图层将其解锁。
• 填充前景色的快捷键为【Alt+Delete】、填充背景色的快捷键为【Ctrl+Delete】。
• 拼合图像或拼合可见图层，会将所有图层合并为一个背景图层。

【创意设计】海报设计——青春飞扬

海报设计一般指通过 Photoshop 等软件，对图像、文字、色彩、版面、图形等进行编辑，结合广告媒体的使用特征，为实现表达广告目的和意图进行的平面艺术创意性设计活动或过程。常见的海报形式有店内海报、招商海报、展览海报、平面海报、电商海报等。通过本项目的学习，读者可以完成青春飞扬主题海报设计，灵活掌握图层等的应用，效果如图 1–34 所示。

项目素材　素材文件 \ Ch01\ 1.3 青春飞扬 \ 素材 01 ～素材 04
项目效果　实例文件 \ Ch01\ 1.3 青春飞扬

【设计背景】

每个时代都有每个时代的责任，当代青年应积极向上、力担重任，弘扬历经磨难仍始终屹立在世界民族之林的伟大中华民族精神。某校为

图 1–34

了培养学生能吃苦、肯奋斗，具有时代责任感和使命担当的新青年品质，开展了"强国有我 青春力量""青春风采短视频大赛"等主题活动，学生们需为主题活动设计主题活动海报。

【创想火花】

❶ 文案提炼：标题醒目、主题鲜明。
❷ 渲染氛围：选择蓝天、白云、太阳、青山、绿草等元素，渲染生机盎然的氛围。

❸ 点睛主题：用跳跃的人物烘托出主题。

【操作步骤】

1．制作背景

❶ 打开文件并调整画布大小。打开前面完成的"春天"文件，按快捷键【Alt+Ctrl+C】，弹出"画布大小"对话框，将宽度修改为"210毫米"，高度修改为"297毫米"，在定位中单击↑，如图 1-35 所示，单击【确定】按钮。

❷ 调整遮挡的图像。选择"草地"图层，选择工具箱中的【移动工具】，将"草地"图层、"前山"图层、"后山"图层这 3 个链接图层移到画布的底部，如图 1-36 所示。

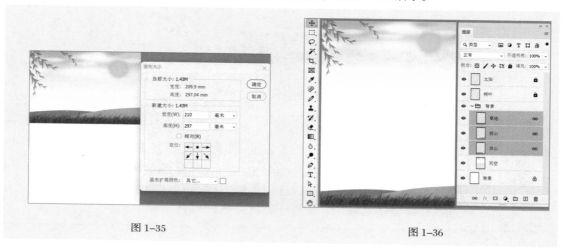

图 1-35　　　　　　　　　　　　　　　　　　图 1-36

❸ 调整天空图像。选择"天空"图层，按快捷键【Ctrl+T】进入自由变换状态，拖曳天空图像的控制点到画布底部，按【Enter】键确认，如图 1-37 所示。

❹ 置入图像文件。在菜单栏中选择【文件】-【置入嵌入对象】命令，将"素材 03"置入文件中，并在属性栏中设置 W 和 H 都为"150.00%"，如图 1-38 所示。

图 1-37　　　　　　　　　　　　　　　　　　图 1-38

2．制作人物阴影

❶ 复制图层。双击"素材 03"图层的名称，重命名为"人物"。按快捷键【Ctrl+J】复制出

"人物 拷贝"图层，选择工具箱中的【移动工具】，将"人物 拷贝"图层向右上方移动，如图 1-39 所示。

❷ **将智能对象转换为普通图层并载入选区。**智能对象不能填充颜色，需通过栅格化转换为普通图层才能进行操作。在菜单栏中选择【图层】-【栅格化】-【智能对象】命令，按住【Ctrl】键并单击图层缩览图，将图像变为选区，如图 1-40 所示。

图 1-39　　　　　　　　　　　　　　　　图 1-40

❸ **填充前景色。**设置前景色为黑色，按快捷键【Alt+Delete】填充前景色，按快捷键【Ctrl+D】取消选区，如图 1-41 所示。

❹ **调整图层顺序并设置图层的不透明度。**将"人物"图层拖曳到"太阳"图层上面，将"人物 拷贝"图层拖曳到"人物"图层下面，设置图层的不透明度为"20%"，如图 1-42 所示。

图 1-41　　　　　　　　　　　　　　　　图 1-42

❺ **创建图层组。**选择"人物"图层和"人物 拷贝"图层，按快捷键【Ctrl+G】创建图层组，将图层组重命名为"跳跃人物"。

3．制作主题文字

❶ **置入文字图像。**置入"素材 01"并在属性栏中设置 W 和 H 都为"200.00%"，调整图像的位置，重命名图层为"主题文字"，如图 1-43 所示。

❷ **置入纸飞机图像。**置入"素材 02"并在属性栏中设置 W 和 H 都为"20.00%"，将图像移动到主题文字右上方，按【Enter】键确认，重命名图层为"纸飞机"，如图 1-44 所示。

图 1-43   图 1-44

❸ **保存文件**。将文件另存为"海报设计——青春飞扬 .psd"。

📖 问题与思考

❶ 如果将所有元素放置在同一图层上，会出现什么情况？

❷ 置入的智能对象可以进行哪些操作？

【思维拓展】分析与提炼海报主题设计元素

收集以"奋斗和奥运会"为主题的海报，从海报标题、文案内容、主题图片、背景色调等方面分析与提炼海报主题设计元素。

1.5 课后实践

【项目设计】宣传海报设计

谈一谈对以下名句的体会与感悟。

❶ 天下之本在国，国之本在家，家之本在身。

❷ 知责任者，大丈夫之始也；行责任者，大丈夫之终也。

❸ 亦余心之所善兮，虽九死其犹未悔。

举例说出我国古今表达家国情怀的诗词与名人名言。

自己搜集素材，完成以上述名句为主题的宣传海报设计。

02 ———————————— 项目 2

绘图工具的应用

学习目标

知识目标
● 掌握颜色填充工具的使用方法；
● 掌握绘图工具的使用方法。

能力目标
● 能使用【油漆桶工具】给人物换装；
● 能使用【渐变工具】绘制渐变图像；
● 能使用【画笔工具】绘制简单图形；
● 能灵活运用所学工具和命令设计公交卡和入场券。

素养目标
　　通过制作项目，创新中华优秀传统文化元素在设计中的应用，培养民族自豪感和精益求精的工匠精神。

🎯【项目引入】公交卡设计、入场券设计

　　数字绘图中，可通过鼠标或数位板，借助特定的绘图软件，直接在计算机上对图像进行描绘和着色。

　　本项目通过设计公交卡（见图 2-1）和入场券（见图 2-2），介绍 Photoshop 中绘图工具的使用方法。

图 2-1

图 2-2

【相关知识】

20

2.1 颜色填充工具

颜色填充工具包含【油漆桶工具】、【渐变工具】等，用于快速对图像进行颜色填充和图案填充。

【微课讲堂】油漆桶工具——齐天大圣

使用【油漆桶工具】 ◇ 可以在图像中填充前景色或图案，其属性栏如图 2-3 所示。如果创建了选区，填充的区域为当前选区；如果没有创建选区，填充的就是与单击处颜色相近的区域。

图 2-3

- **前景 ∨** ：用于选择填充模式，包括"前景"和"图案"两种模式。
- **模式** 模式：正常 ：用于设置填充内容的混合模式。
- **不透明度** 不透明度：100% ：用于设置填充内容的不透明度。
- **容差** 容差：32 ：用于设置填充色范围。
- **消除锯齿** ☑ 消除锯齿：勾选该复选框后，可平滑填充选区的边缘。
- **连续的** ☑ 连续的：勾选该复选框后，只填充图像中处于连续范围的区域；取消勾选该复选框后，填充图像中的所有相似像素。
- **所有图层** ☐ 所有图层：勾选该复选框后，对所有可见图层中的合并颜色填充像素；取消勾选该复选框后，仅填充当前选择的图层。

任务素材　素材文件 \ Ch02\ 2.1 齐天大圣 \ 素材 01、素材 02

任务效果　实例文件 \ Ch02\ 齐天大圣 .psd

微课讲堂　扫一扫
　　　　　观看微课教学视频

扫码观看视频

❶ **打开并排列文件**。打开文件"素材文件 \ Ch02\ 2.1 齐天大圣 \ 素材 01"和"素材文件 \ Ch02\ 2.1 齐天大圣 \ 素材 02"。在菜单栏中选择【窗口】-【排列】-【全部垂直拼贴】命令，将两个素材并排显示在工作界面中，如图 2-4 所示。

❷ **吸取图像颜色**。选择工具箱中的【油漆桶工具】，在属性栏中选择"前景"，设置容差为"32"，勾选"连续的"复选框。单击【前景色】按钮打开"拾色器（前景色）"对话框，吸取"素材 02"图像中的红色，单击【确定】按钮，如图 2-5 所示。

图 2-4

21

❸ **填充新颜色**。将鼠标指针移到"素材 01"图像上，选择"图层 1"，分别在齐天大圣图像中的裙子区域、裤子区域单击，填充前景色。填充衣服的颜色为黄色，如图 2-6 所示。勾选"连续的"复选框后，每次单击只针对相同颜色的连续区域进行颜色填充。

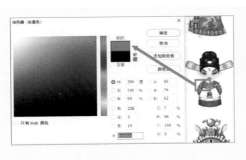

图 2-5

图 2-6

❹ **保存文件**。保存文件并命名为"齐天大圣 .psd"。

【微课讲堂】图案填充——虎纹裙

Photoshop 中的图案填充功能用于快速地把所设定的图案填充到指定的图像区域中。

　　任务素材　素材文件 \ Ch02\ 2.1 齐天大圣 \ 素材 03
　　任务效果　实例文件 \ Ch02\ 齐天大圣 .png
　　选做素材　素材文件 \ Ch02\ 2.1 齐天大圣 \ 选做素材 03

❶ **打开文件**。打开文件"素材文件 \ Ch02\ 2.1 齐天大圣 \ 素材 03"，在菜单栏中选择【编辑】-【定义图案】命令，在弹出的"图案名称"对话框中输入名称"虎纹"，单击【确定】按钮，如图 2-7 所示。

❷ **填充图案**。打开前期完成的"齐天大圣"文件，选择工具箱中的【油漆桶工具】，在属性栏中选择"图案"，在右侧图案列表中选择"虎纹"，如图 2-8 所示。单击齐天大圣图像中裙子的各

个区域，填充虎纹图案，如图 2-9 所示。

❸ **隐藏背景图层并保存文件为透明格式。** 隐藏背景图层，将文件存储为副本，命名为"齐天大圣 .png"，如图 2-10 所示。

图 2-7　　　　　　　　　　　　　　　　　图 2-8

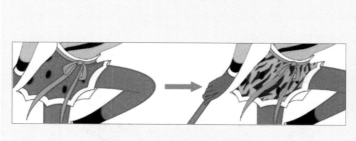

图 2-9　　　　　　　　　　　　　　　　　图 2-10

【微课讲堂】渐变工具——七色彩虹

使用【渐变工具】 ▥ ，可将柔和过渡的颜色填充到某个区域或图像中，如图 2-11 所示。【渐变工具】的属性栏介绍如下。

• 渐变编辑器 ▭ ：单击该按钮可打开"渐变编辑器"对话框。渐变类型如图 2-12 所示。

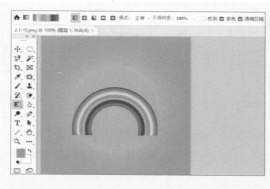

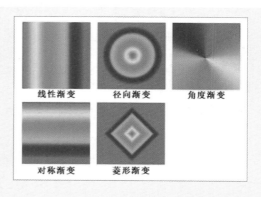

图 2-11　　　　　　　　　　　　　　　　　图 2-12

- 线性渐变 ▪：渐变颜色从按下鼠标左键的位置开始，以直线样式或沿单个方向变化。
- 径向渐变 ▪：渐变颜色以圆形的中心为起点向四周变化。
- 角度渐变 ▪：渐变颜色沿起点以逆时针方向变化。
- 对称渐变 ▪：渐变颜色从中心向两侧变化。
- 菱形渐变 ▪：渐变颜色以菱形的中心为起点向四周变化。
- 模式：用于设置渐变颜色的混合模式。
- 不透明度：用于设置渐变颜色的不透明度。
- 反向：勾选该复选框后，渐变颜色的顺序转换，得到反方向的渐变颜色。
- 仿色：勾选该复选框后，渐变效果更加平滑。
- 透明区域：勾选该复选框后，将创建包含透明像素的渐变效果。

任务效果	实例文件 \ Ch02\ 七色彩虹 .psd
微课讲堂	扫一扫
	观看微课教学视频

扫码观看视频

1．绘制渐变图像

❶ **新建文件**。新建文件，设置宽度为"800 像素"，高度为"800 像素"，分辨率为"300 像素 / 英寸"，颜色模式为"RGB 颜色"，背景内容为"透明"，单击【创建】按钮，如图 2-13 所示。

❷ **绘制矩形选区**。选择工具箱中的【矩形选框工具】，绘制一个矩形选区，如图 2-14 所示。

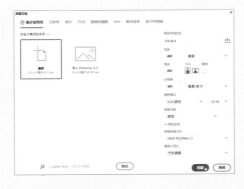

图 2-13　　　　　　　　　　　　　　　　　　图 2-14

❸ **设置渐变编辑器**。选择工具箱中的【渐变工具】，打开"渐变编辑器"对话框，设置名称为"七色彩虹"，渐变类型为"实底"，平滑度为"100%"。

❹ **设置色标**。单击渐变颜色条的空白区域可增加色标，色标的颜色和位置都可以调整。选择色标，向外拖曳色标或者单击【删除】按钮，都可以将选中的色标删除。

❺ **添加色标**。在渐变颜色条上添加 7 个色标。7 个色标的颜色分别设置为"RGB(255,0,0)、RGB(255,127,0)、RGB(255,255,0)、RGB(0,255,0)、RGB(0,255,255)、RGB(0,0,255)、RGB(255,0,255)；7 个色标的位置分别设置为 5%、19%、33%、47%、61%、75%、89%，如图 2-15 所示。

❻ **绘制线性渐变**。在属性栏中单击【线性渐变】按钮，按住【Shift】键并在选区中从上到下拖曳填充颜色，如图 2-16 所示，按快捷键【Ctrl+D】取消选区。

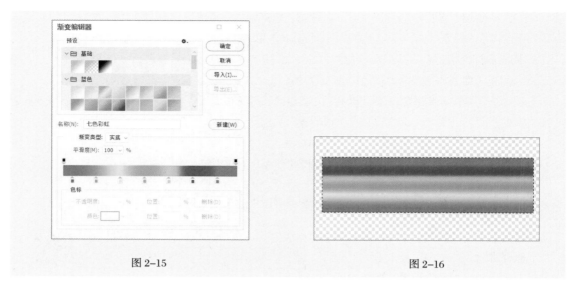

图 2-15　　　　　　　　　　　　　　　　图 2-16

24

2．变换图像的形状

❶ **应用滤镜扭曲图像**。在菜单栏中选择【滤镜】-【扭曲】-【极坐标】命令，选择"平面坐标到极坐标"，单击【确定】按钮，效果如图 2-17 所示。

❷ **删除多余的图像**。选择工具箱中的【矩形选框工具】，在图像上半区域绘制矩形选区，如图 2-18 所示，按【Delete】键删除多余的图像，按快捷键【Ctrl+D】取消选区。

❸ **旋转图像**。按快捷键【Ctrl+T】进入自由变换状态，拖曳鼠标将图像旋转 180°，按【Enter】键确定，如图 2-19 所示。

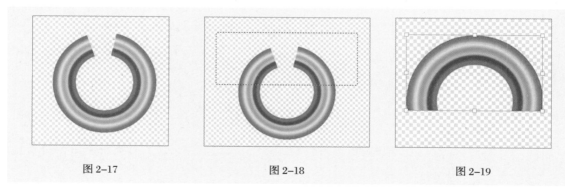

图 2-17　　　　　　　　　　图 2-18　　　　　　　　　　图 2-19

❹ **重命名图层**。双击图层名称，将图层名称修改为"彩虹"。单击"图层"面板底部的【创建新图层】按钮，将新图层命名为"蓝天"。

❺ **绘制径向渐变**。选择工具箱中的【渐变工具】，在属性栏中单击【径向渐变】按钮，在"渐变编辑器"对话框中选择以前景色到背景色渐变，将前景色设置为蓝色，背景色设置为深蓝色，从图层中心向边缘拖曳鼠标，完成径向渐变背景的制作，如图 2-20 所示。

❻ **保存文件**。将文件存储为"七色彩虹 .psd"。

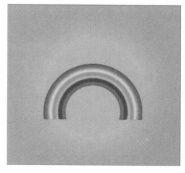

图 2-20

【创意设计】公交卡设计——大圣归来

中华文化在融合、演化与发展过程中，逐渐形成了由中国人创造和传承、反映中国人文精神和民俗心理、具有中国特质的文化成果。这些文化成果均可视为中华优秀传统文化元素，包括有形的物质符号和无形的精神内容，即物质文化元素和精神文化元素。本创意设计使用中华优秀传统文化元素进行主题设计，选取齐天大圣孙悟空为形象题材，配以绚丽的色彩基调，将中国的书法、祥云、青山等融入画面，如图 2-21 所示，帮助读者灵活掌握颜色填充工具的使用方法。

项目素材 素材文件 \ Ch02\ 2.1 大圣归来 \ 素材 04 ~ 素材 07

项目效果 实例文件 \ Ch02\ 2.1 大圣归来

图 2-21

【设计背景】

民族精神是一个民族的生命之魂，是一个民族独特性格的彰显。为了让市民了解中华优秀传统文化，建立文化自信和民族自豪感，某市开展了魅力城市作品征集活动，学生小贤要参加，并决定设计一款含有中华优秀传统文化元素的公交卡。

【创想火花】

❶ **文案提炼**：选择书法字体，渲染古典氛围。

❷ **背景颜色**：选择中国红作为背景颜色。

❸ **主题醒目**：选择孙悟空形象。

❹ **营造格调**：选择祥云与青山营造格调。

【应用工具】

❶【渐变工具】；❷【油漆桶工具】；❸【横排文字工具】。

【操作步骤】

1．背景制作

❶ **新建文件**。按快捷键【Ctrl+N】新建文件，设置宽度为"8.6 厘米"，高度为"5.4 厘米"，方向为"横向"，分辨率为"300 像素 / 英寸"，颜色模式为"RGB 颜色"。

❷ **设置前景色和背景色**。设置前景色为 RGB(148，4，3)、背景色为 RGB(234，55，55)。

❸ **绘制径向渐变背景**。选择工具箱中的【渐变工具】，在属性栏中单击【径向渐变】按钮，从画布中心向边缘拖曳鼠标，完成径向渐变背景的制作，如图 2-22 所示。将该图层命名为"背景"。

❹ **定义图案**。按快捷键【Ctrl+O】打开"素材 05"，在菜单栏中选择【编辑】-【定义图案】命令，设置图案名称为"祥云纹理"，关闭"素材 05"。

❺ **新建图层并填充图案**。按快捷键【Shift+Ctrl+N】新建图层，命名为"纹理"。选择工具箱中的【油漆桶工具】，在属性栏中选择"图案"，选择图案列表中的"祥云纹理"，如图 2-23 所示。在图像中单击进行图案填充，设置"纹理"图层的不透明度为 20%，如图 2-24 所示。

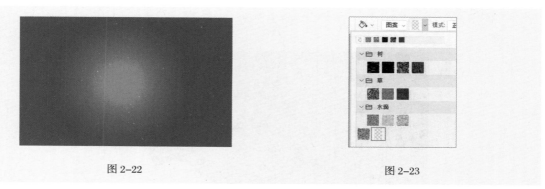

图 2-22   图 2-23

图 2-24

2．卡片图像内容制作

❶ **置入对象**。置入"素材 04"，将图层重命名为"祥云"，并栅格化图层。在属性栏中设置 W 和 H 都为"17.00%"，把图像移到左下角，如图 2-25 所示。

❷ **更换祥云颜色**。设置前景色为白色，选择工具箱中的【油漆桶工具】，在属性栏中选择"前景"，不勾选"连续的"复选框，单击祥云的蓝色区域，将所有蓝色区域填充为白色，如图 2-26 所示。

❸ **复制图像并调整图像**。按快捷键【Ctrl+O】打开前期完成的"七色彩虹 .psd"，选择"彩虹"图层，按快捷键【Ctrl+C】复制，返回到正在制作的文件并按快捷键【Ctrl+V】粘贴，调整图层排列顺序，调整彩虹的大小，效果如图 2-27 所示。

❹ **置入其他素材**。将前期完成的"齐天大圣 .png"和"素材 06"置入，调整图像的大小和位置，效果如图 2-28 所示。

项目 2　绘图工具的应用

02

图 2-25　　　　　　　图 2-26　　　　　　　图 2-27

图 2-28

27

3．文字制作

❶ 输入文字。选择工具箱中的【横排文字工具】**T.**，在图像中单击，输入文字"市政公交一卡通"，在属性栏中设置字体为"黑体"、字体大小为"9点"、文字颜色为"白色"，使用【移动工具】将文字移动到图像右上角。注意留白，不要太靠近画布的边缘。

❷ 置入其他素材。置入"素材07"并调整图像的大小和位置，如图 2-29 所示。

❸ 保存文件。将文件存储为"大圣归来.psd"。

图 2-29

2.2　绘图工具

　　绘图工具包括【画笔工具】✔、【铅笔工具】✎、【颜色替换工具】🖌️等，绘图工具使用前景色作为"颜料"在画面中进行绘制。绘制方法很简单，在画面中单击即可绘制出一个圆点（默认【画笔工具】的笔尖为圆形），在画面中拖动鼠标可绘制出线条。绘图工具很多属性是一样的，下面以【画笔工具】的属性栏为例进行介绍，如图 2-30 所示。

✔ ▾｜模式：正常｜不透明度：100% ｜流量：100% ｜平滑：10% ⚙ ◹ 0°
点按可打开画笔预设选取器

图 2-30

- "画笔预设"选取器 ：单击该按钮，打开"画笔预设"选取器，可以设置笔触的大小、硬度和选择不同的笔触类型。其中，"大小"控制画笔笔尖粗细，其值越大，画笔笔尖越粗；"硬度"的数值越大，画笔笔尖边缘越清晰。

- 切换"画笔设置"面板 ：单击该按钮，可以打开"画笔设置"面板。

- 模式 模式：正常 ：在下拉列表中可以选择笔触的颜色与下面像素的混合模式。

- 不透明度 不透明度：100% ：用于设置画笔的不透明度，其值越小，绘制出的线条越透明。

- 始终对"不透明度"使用"压力" ：使用数位板绘图时，单击该按钮，可以通过压力大小来控制不透明度。

- 喷枪 ：单击该按钮，将启用喷枪模式。喷枪模式下，硬度值小于 100% 时，按住鼠标左键不动，喷枪可以连续喷出"颜料"，扩展柔和的边缘。

- 流量 流量：100% ：用于设置笔触颜色的流出量，其值越大，颜色越深。在下拉列表中拖动滑块可以修改笔触流量，也可以直接在文本框中输入数值来修改笔触流量。流量值为 100% 时，绘制的颜色最深、最浓；流量值越小，颜色越浅。

- 平滑 平滑：10% ：用于设置描边的平滑程度，使用较大的值可以减少描边的抖动。单击右侧的 按钮，可以设置平滑选项，包括"拉绳模式""描边补齐""补齐描边末端""调整缩放"4 个复选框。

- 设置画笔角度 60° ：用于对画笔角度进行设置。

- 始终对"大小"使用"压力" ：使用数位板绘图时，单击该按钮，可以通过压力大小来控制笔触大小。

- 设置绘画的对称选项 ：单击该按钮，可以设置对称的方式，如垂直对称、水平对称、双轴对称等，设置完成后，可绘制出对称图形。

【微课讲堂】画笔工具——梅落繁枝

【画笔工具】可以模拟画笔效果在图像或选区中进行绘制，案例效果如图 2-31 所示。

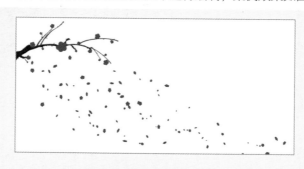

图 2-31

任务素材	素材文件 \ Ch02\2.2 梅落繁枝 \ 素材 01
任务效果	实例文件 \ Ch02\ 梅落繁枝
微课讲堂	扫一扫
	观看微课教学视频

扫码观看视频

1．绘制梅花图形

❶ **打开文件。** 打开文件"素材文件 \ Ch02\ 2.2 梅落繁枝 \ 素材 01"，如图 2-32 所示。

❷ **新建图层。** 新建图层并命名为"梅花"。

❸ **画笔预设并绘制梅花图形。** 选择工具箱中的【画笔工具】，在属性栏中打开"画笔预设"选取器，选择"常规画笔"中的"硬边圆"，设置大小为"70 像素"、硬度为"100%"。在图像中单击或拖曳鼠标，绘制出梅花图形，如图 2-33 所示。

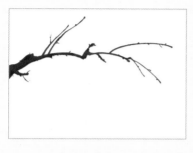

图 2-32

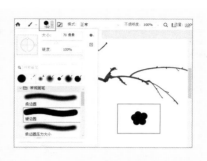

图 2-33

2．新建画笔

❶ **定义画笔预设。** 隐藏"背景"图层，选择工具箱中的【矩形选框工具】，框选梅花图形，在菜单栏中选择【编辑】-【定义画笔预设】命令，名称设为"梅花"，如图 2-34 所示。完成画笔预设后，按快捷键【Ctrl+D】取消选区，并隐藏"梅花"图层。

❷ **显示图层并绘制梅花。** 显示"树枝"图层和"背景"图层。新建图层并命名为"红梅"。设置前景色为"#af070c"，选择工具箱中的【画笔工具】，在"画笔预设"选取器中选择"梅花"，在树枝图像上单击，绘制梅花。可通过调整"梅花"画笔的大小，绘制不同大小的梅花，如图 2-35 所示。

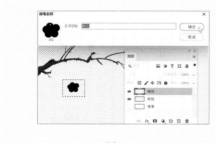

图 2-34

图 2-35

❸ **调整角度和圆度。** 在"画笔预设"选取器中调整梅花的角度和圆度，绘制其他梅花，如图 2-36 所示。

3．制作飞落的梅花

❶ **新建图层并设置画笔。** 新建图层并命名为"落花"。选择工具箱中的【画笔工具】，在属性栏中打开"画笔设置"面板，默认显示【画笔笔尖形状】选项卡，选择定义的画笔"梅花"，大小设为"67 像素"、间距设为"165%"，如图 2-37 所示。

图 2-36

29

❷ **设置画笔形状动态。**切换到【形状动态】选项卡，大小抖动设为"71%"、最小直径设为"0%"、角度抖动设为"37%"、圆度抖动设为"62%"、最小圆度设为"1%"，如图 2-38 所示。

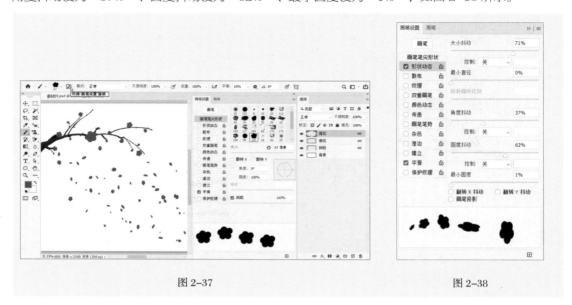

图 2-37   图 2-38

❸ **设置画笔散布效果。**切换到【散布】选项卡，散布设为"1000%"、数量设为"1"、数量抖动设为"60%"，在画布中从树枝处开始拖曳鼠标，制作落花效果，如图 2-39 所示。

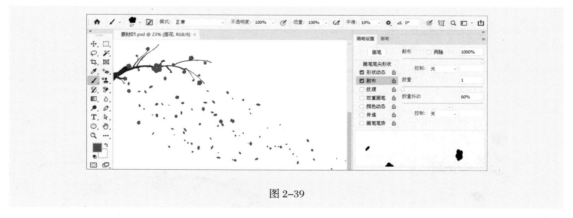

图 2-39

❹ **创建图层组。**同时选择"落花"图层、"红梅"图层、"树枝"图层，单击【创建新组】按钮，将图层组重命名为"梅花组"。

❺ **保存文件。**将文件存储为"梅落繁枝 .psd"。

【微课讲堂】颜色替换工具——喜气红灯笼

【颜色替换工具】用于更改已有图像的颜色。其属性栏如图 2-40 所示。

图 2-40

- 模式：可以选择"色相""饱和度""颜色""明度"。
- 取样有 3 种方式。

  连续 ✍：连续对颜色进行取样和替换，适用于颜色连续变化的区域。

  一次 ✍：只替换图像中第一次单击处的颜色，可精确地控制替换范围。

  背景色板 ✍：只替换包含当前背景色的区域，主要颜色替换具有特定背景色的图像区域。

- 限制有不连续、连续、查找边缘 3 种。

> **任务素材**　素材文件 \ Ch02\2.2 喜气红灯笼 \ 素材 02
>
> **任务效果**　实例文件 \ Ch02\ 喜气红灯笼

❶ **打开文件并替换颜色。**打开文件"素材文件 \ Ch02\2.2 喜气红灯笼 \ 素材 02"，设置前景色为"#e01e0b"。选择工具箱中的【颜色替换工具】，在属性栏中设置大小为"500 像素"、硬度为"0%"、模式为"颜色"、取样为"连续"、限制为"不连续"、容差为"30%"，如图 2-41 所示。在灯笼的蓝色区域进行涂抹，完成颜色替换，如图 2-42 所示。

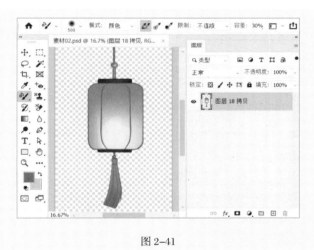

图 2-41　　　　　　　　　　　　　　　　　　　图 2-42

❷ **保存文件。**将文件存储为"喜气红灯笼 .png"。

【创意设计】入场券设计——传承国粹 开创未来

民族文化的传承与弘扬，有利于推动中国特色社会主义事业不断发展，激发中华文化的创新与活力，提升民族精神的时代生命力。在进行项目设计时，一方面，要继承中华优秀传统文化精髓，引领社会道德风尚；另一方面，要着力培养家国情怀，以人民为中心、以时代为背景。通过本创意设计，读者可以掌握【画笔工具】、【颜色替换工具】的使用方法，入场券的最终效果如图 2-43 所示。

> **项目素材**　素材文件 \ Ch02\ 2.2 传承国粹 开创未来 \ 素材 03 ～素材 07
>
> **项目效果**　实例文件 \ Ch02\ 传承国粹 开创未来

图 2-43

【设计背景】

中华民族精神是实现中国梦的动力之源，在新时代，大学生应该传承中华文化、弘扬民族精神，推动中国特色社会主义事业不断发展。请分类收集中国国粹的相关图片，说一说你在中国国粹方面的体验和感受，并利用收集的中国国粹元素设计入场券。

【应用工具】

❶【画笔工具】；❷ 参考线；❸ 创建图层；❹【颜色替换工具】。

【操作步骤】

1．背景制作

❶ 新建文件。按快捷键【Ctrl+N】新建文件，宽度为"20 厘米"，高度为"8 厘米"，分辨率为"300 像素 / 英寸"，颜色模式为"RGB 颜色"。

❷ 打开并设置标尺。按快捷键【Ctrl+R】打开标尺，在标尺上右击，选择"厘米"，如图 2-44 所示。

❸ 新建参考线。在菜单栏中选择【视图】-【新建参考线】命令，设置取向为"垂直"、位置为"15 厘米"，如图 2-45 所示，单击【确定】按钮。

图 2-44   图 2-45

❹ 新建图层并填充前景色。新建图层并命名为"主券背景"，选择工具箱中的【矩形选框工具】，框选出参考线左侧区域。设置前景色为"#fbf0d7"，按快捷键【Alt+Delete】填充前景色。新建图层并命名为"副券背景"，使用【矩形选框工具】框选出参考线右侧区域。设置前景色为"#8b0004"，按快捷键【Alt+Delete】填充前景色，如图 2-46 所示。

❺ 置入对象。选择"主券背景"图层，置入"素材 03"，在属性栏中设置 W 和 H 都为"50.00%"，按【Enter】键确定。设置图层的不透明度为"36%"，将图层重命名为"山"，效果如图 2-47 所示。

图 2-46   图 2-47

❻ **新建图层。** 新建图层并命名为"分割线"。

❼ **绘制虚线分割线。** 选择工具箱中的【画笔工具】，按【F5】键打开"画笔设置"面板，如图 2-48 所示。在参考线位置，按住【Shift】键并拖曳鼠标绘制虚线分割线，如图 2-49 所示。

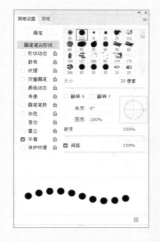

图 2-48   图 2-49

❽ **创建图层组。** 将"主券背景"图层、"副券背景"图层、"山"图层、"分割线"图层这 4 个图层选中，按快捷键【Ctrl+G】建立图层组，重命名为"背景组"。

2. 主券内容制作

❶ **置入素材。** 打开前期完成的"梅落繁枝.psd"和"喜气红灯笼.png"，选择工具箱中的【移动工具】，将图像拖曳到正在制作的文件中，分别将梅花缩小为原大小的 45%、灯笼缩小为原大小的 10%，调整位置，如图 2-50 所示。

图 2-50

33

❷ **复制灯笼和置入其他素材**。按快捷键【Ctrl+C】复制灯笼，按快捷键【Ctrl+V】粘贴，按快捷键【Ctrl+T】，将灯笼缩小 8%，调整位置。置入"素材 04""素材 05""素材 07"，调整图像的大小，如图 2-51 所示。

图 2-51

❸ **栅格化图层和替换颜色**。置入"素材 06"，缩小为原大小的 75%，栅格化图层。设置前景色为"#931006"，选择工具箱中的【颜色替换工具】，将雨伞的颜色替换为红色，如图 2-52 所示。

图 2-52

❹ **新建图层和绘制圆形**。新建图层，设置前景色为"#ff0000"。选择工具箱中的【画笔工具】，选择"硬边圆"，设置硬度为"100%"、大小为"75 像素"，绘制圆形，如图 2-53 所示。

图 2-53

3．文字制作

❶ **输入文字。**选择工具箱中的【横排文字工具】，打开"字符"面板，如图 2-54 所示。在图像中依次输入"京""剧""传承国粹 开创未来""优秀戏曲进校园"，调整位置，如图 2-55所示。

图 2-54   图 2-55

❷ **继续输入文字。**输入文字"入场券"，设置字体为"华文行楷"、字体大小为"37 点"；输入文字"副券"，设置字体为"黑体"、大小为"29 点"，完成文字制作，如图 2-56 所示。

图 2-56

❸ **保存文件。**将文件存储为"传承国粹 开创未来 .psd"。

> 🔍 **问题与思考**
>
> 【画笔工具】与【颜色替换工具】在什么情况下使用？

【思维拓展】海报设计——中华优秀传统文化元素

中华优秀传统文化元素在设计中应用广泛，如眉山市精神文明建设办公室发布的主题公益广告"文明健康·有你有我"（见图 2-57），它是围绕健康生活、文明行为、良好心态、环境保护、共筑新风等主题来设计的。它采用三苏祠、远景楼、大雅堂、眉州古城墙、瓦屋山、三苏纪念馆等地标建筑，添加 Q 版宋代人物苏小坡、苏小妹，画面古韵十足，人物憨态可掬，体现出了"千载诗书

城 人文第一州"。

图 2-57

2.3 课后实践

【项目设计】公交卡设计、宣传海报设计

在以下项目中任选其一完成设计。

1. 参考"大圣归来"主题设计，完成至少两张主题系列公交卡设计。

2. 结合所在地区的民族文化特点，完成至少 3 张以"保护环境"为主题的系列宣传海报设计。

3. 了解地方非物质文化遗产，完成至少 3 张以"非遗传承"为主题的系列宣传海报设计。

03 ——————————————————— 项目 3

形状工具和图层效果

学习目标

知识目标

- 掌握形状工具的应用；
- 掌握【钢笔工具】的应用；
- 掌握图层样式的应用；
- 掌握图层混合模式的应用。

能力目标

- 能使用形状工具、【钢笔工具】等绘制简单的图形；
- 能使用图层样式制作文字特效；
- 能使用图层的混合模式编辑与美化图像；
- 能灵活运用所学工具和命令制作网站。

素养目标

以网站设计——中华优秀传统文化专题网为载体，传承与创新中华优秀传统文化，培养文化自信。

【项目引入】网站设计——中华优秀传统文化专题网

本项目主要介绍规则形状的绘制、【钢笔工具】的使用方法、图层样式及混合模式的应用。通过本项目的学习，读者可以根据设计任务需要，绘制出精美的图形，并能为绘制的图形添加丰富的视觉效果，完成中华优秀传统文化专题网的设计，网站的最终效果如图 3-1 所示。

图 3-1

【相关知识】

3.1 规则形状绘制

【矩形工具】▭、【椭圆工具】●和【直线工具】
╱.等是比较常用的形状工具。使用【矩形工具】等形状工具绘制图形时，Photoshop 会默认新建一个形状图层，如图 3-2 所示。

图 3-2

在绘制形状的过程中，需要掌握以下几个小技巧。

❶ 按住【Space】键，拖动鼠标可调整视图的位置。

❷ 按住【Shift】键，可以绘制正方形 / 圆形。

❸ 按住【Alt】键，可以绘制从中心向四周扩展的矩形 / 椭圆形。

❹ 按住【Alt+Shift】组合键，可以绘制从中心向四周扩展的正方形 / 圆形。

形状工具很多属性是一样的，下面以【矩形工具】的属性栏为例进行介绍，如图 3-3 所示。

图 3-3

- 形状 ∨：有 3 个选项，形状——创建路径形状、路径——创建工作路径、像素——创建填充区域。
- 填充 ▨：用于设置形状填充的状态，有无颜色填充、纯色填充、渐变填充、图案填充 4 种设置。
- 描边 ▭：用于设置边框的类型，有无颜色边框、纯色边框、渐变边框、图案边框 4 种设置；还可以设置边框的粗细、线型、对齐、端点、角点等。

在菜单栏中选择【窗口】-【属性】命令，打开"属性"面板，可以通过设置外观参数修改形状的外观；还可以通过单击【关联设置】按钮 ⬚，把矩形的圆角半径设置成相同的值，或者分别设置成两两相同的值或 4 个不相同的值，如图 3-4 所示。

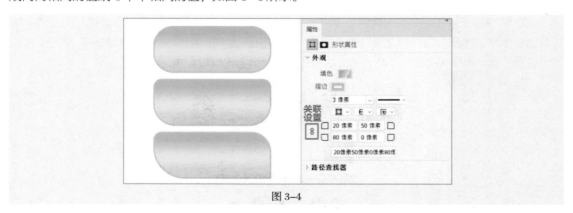

图 3-4

【微课讲堂】规则形状绘制——导航菜单

本微课讲堂通过使用【矩形工具】制作导航菜单，介绍【矩形工具】的使用方法、纯色填充和渐变填充等的应用。

任务素材　素材文件 \ Ch03\ 3.1 导航菜单 \ 素材 01
任务效果　实例文件 \ Ch03\ 3.1 导航菜单
选做素材　素材文件 \ Ch03\ 3.1 导航菜单 \ 选做素材 01 ～选做素材 03
微课讲堂　扫一扫
　　　　　　观看微课教学视频

扫码观看视频

❶ **打开素材文件。** 打开文件"素材文件 \Ch03\3.1 导航菜单 \ 素材 01",接下来按图 3-5 的效果图样式完成导航菜单的制作。

图 3-5

❷ **新建文件。** 按快捷键【Ctrl+N】,弹出"新建文档"对话框,设置名称为"导航菜单"、宽度为"1920 像素"、高度为"360 像素"、分辨率为"72 像素 / 英寸"、颜色模式为"RGB 颜色"、背景色为"#f2f2f2",单击【创建】按钮新建文件。

❸ **创建新组。** 单击"图层"面板下方的【创建新组】按钮,将新组命名为"导航"。

❹ **绘制导航条。** 在工具箱中选择【矩形工具】,在"导航"组下绘制矩形导航条,将图层命名为"导航条",在属性栏中选择"形状",设置填充为"纯色"(#bc1f18)、描边为"无颜色"、W为"1920 像素"、H 为"54 像素",如图 3-6 所示。

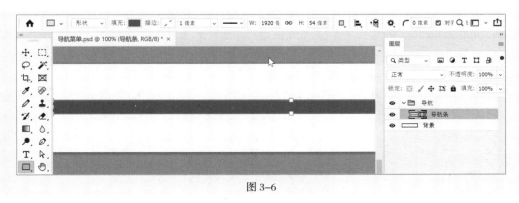

图 3-6

❺ **绘制底线。** 使用【矩形工具】在"导航"组下绘制导航条的底线,将图层命名为"底线",在属性栏中选择"形状",设置填充为"渐变"(线性渐变填充为 #ff6e02、#ffcc00、#ff6e02,角度为 0°)、描边为"无颜色"、W 为"1920 像素"、H 为"9 像素",如图 3-7 所示。

❻ **输入文字并设置对齐方式。** 输入导航条的文字内容,按住【Shift】键将文字图层和"导航条"图层、"底线"图层同时选择,在工具箱中选择【移动工具】,在属性栏中单击【水平居中对齐】按钮和【垂直居中对齐】按钮,如图 3-8 所示。

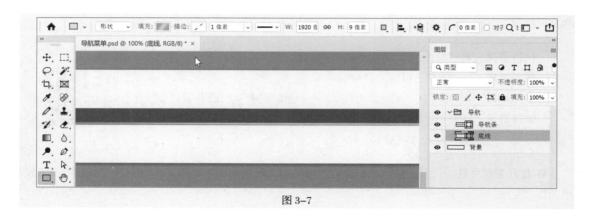

图 3-7

图 3-8

❼ **制作渐变按钮。** 在工具箱中选择【矩形工具】，绘制矩形，该图层命名为"鼠标经过"。在属性栏中选择"形状"，设置填充为"渐变"（线性渐变填充为 #f39f3d、#ffd65e、#ffe8a4、#fea904，角度为 90°）、描边为"纯色"（#fdb72d，1 像素）、W 为"136 像素"、H 为"60 像素"，如图 3-9 所示。

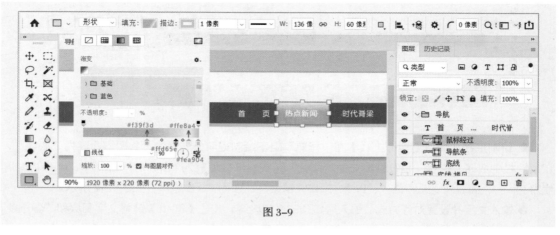

图 3-9

❽ 完成导航菜单的制作，将文件另存为"导航菜单 .psd"，如图 3-10 所示。

图 3-10

【微课讲堂】规则形状绘制——栏目制作

首页是网站的门面和"灵魂",是吸引用户进一步访问网站的关键。本微课讲堂通过栏目制作,介绍【矩形工具】、【椭圆工具】的应用,以及文字颜色的调整和图层的复制。在进行栏目设计时,要遵循以下设计原则:

❶ 栏目内容要放置网站中重要、有价值、关注群体想知道的信息要点;

❷ 栏目规划的层次结构和区域分割要清晰合理,如整体结构、左右结构、左中右结构等;

❸ 栏目展示要体现界面的美观性和易用性。

任务素材	素材文件 \ Ch03\ 3.1 栏目制作 \ 素材 01
任务效果	实例文件 \ Ch03\ 3.1 栏目制作
选做素材	素材文件 \ Ch03\ 3.1 栏目制作 \ 选做素材 01 ～选做素材 04
微课讲堂	扫一扫
	观看微课教学视频

41

扫码观看视频

❶ **观看效果图**。栏目制作的最终效果如图 3-11 所示。

图 3-11

❷ **打开素材文件**。打开文件"素材文件 \ Ch03\ 3.1 栏目制作 \ 素材 01",如图 3-12 所示。

❸ **绘制矩形**。将"形状 1"组展开,在工具箱中选择【矩形工具】,绘制矩形,在属性栏中选择"形状",设置填充为"纯色"(#ee2245)、描边为"无颜色"、W 为"128 像素"、H 为"180 像素",如图 3-13 所示。

❹ **绘制圆形**。在菜单栏中选择【视图】-【标尺】命令,在工具箱中选择【移动工具】,拉出参考线,定好圆心。在工具箱中选择【椭圆工具】,将鼠标指针移动到圆心后按住鼠标左键,同时按住【Alt+Shift】组合键,绘制从中心向四周扩展的圆形,如图 3-14 所示。

❺ **更改文字颜色。** 按住【Shift】键，将标题和内容的文字图层同时选择，在工具箱中选择【横排文字工具】，在属性栏中将文字颜色改成白色，如图 3-15 所示。

图 3-12

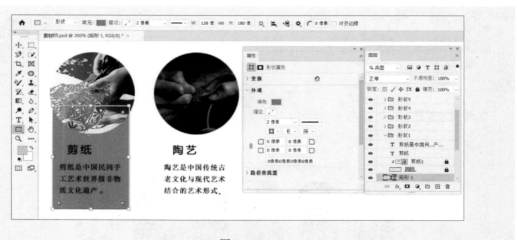

图 3-13

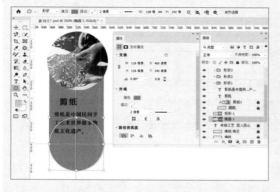

图 3-14

图 3-15

❻ **对齐图形。**按住【Shift】键，将"矩形 1"和"椭圆 1"两个图层同时选择，在工具箱中选择【移动工具】，在属性栏中单击【水平居中对齐】按钮，如图 3-16 所示。

❼ **快速复制图层。**将"形状 1"组的"矩形 1"和"椭圆 1"图层同时选择，按快捷键【Ctrl+J】进行复制。为了方便整体移动两个图层，将"矩形 1 拷贝"和"椭圆 1 拷贝"图层链接，将这两个图层移动到"形状 2"组，调整图形的位置，如图 3-17 所示。

图 3-16

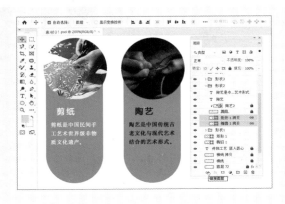

图 3-17

❽ **完成其他栏目的制作。**用同样的方法完成"形状 3"组～"形状 6"组的栏目制作，将文件另存为"栏目制作 .psd"，如图 3-18 所示。

图 3-18

❾ **绘制圆角矩形。**在工具箱中选择【矩形工具】，绘制矩形，在属性栏中选择"形状"，设置填充为"纯色"（#ee2245）、描边为"无颜色"、W 为"128 像素"、H 为"205 像素"，打开"属性"面板，分别设置左下角和右下角的半径为"64 像素"，如图 3-19 所示。

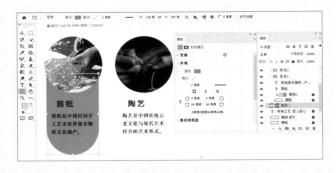

图 3-19

⓾ **实现立体效果。**图像的立体效果可通过添加图层样式中的"描边"和"投影"等样式实现，相关内容将在"3.3 图层样式"中讲解，效果如图 3-20 所示。

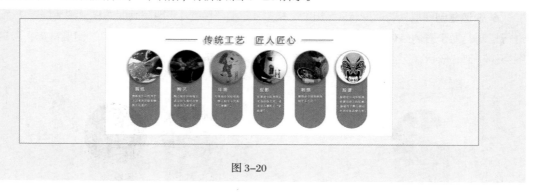

图 3-20

3.2 任意形状绘制

利用 Photoshop 提供的【钢笔工具】 ，可以绘制直线段、曲线段，也可以绘制复杂的形状，并将路径转变成选区后进行抠图。路径的相关概念如图 3-21 所示。

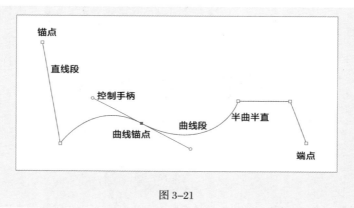

图 3-21

锚点：使用【钢笔工具】绘制路径时，在画布中每单击一次产生的点为锚点。

路径：两个锚点之间的线就是路径。路径可分为以下几类。

❶ 直线段：用【钢笔工具】在画布中直接单击产生的两个锚点之间的路径是直线段。

❷ 曲线段：按住鼠标左键，拖动产生的锚点是曲线锚点，两个曲线锚点之间的路径是曲线段，可用【小白工具】 通过调整两个独立的控制手柄来调节曲线的弧度。

❸ 半曲半直：创建曲线锚点后，按住【Alt】键，单击刚创建的曲线锚点，将曲线锚点转换为直线锚点。

端点：路径结束于端点。可以通过以下几种方法结束路径。

❶ 按住【Ctrl】键，【钢笔工具】临时切换为【小白工具】，在路径外的地方单击，可结束路径。

❷ 按【Esc】键，可结束路径。

结束路径后，若要继续绘制路径，可将鼠标指针移动到路径的端点上，鼠标指针的右下角变成

"空心 +"标记时单击，即可继续绘制。

【微课讲堂】任意形状绘制——Banner 制作

本微课讲堂通过 Banner 制作，介绍使用【钢笔工具】绘制直线段和曲线段的方法，并将所绘制的路径转变成选区后进行抠图。

任务素材	素材文件 \ Ch03\ 3.2 Banner 制作 \ 素材 01 ～素材 08
任务效果	实例文件 \ Ch03\ Banner 制作
选做素材	素材文件 \ Ch03\ 3.2 Banner 制作 \ 选做素材 01 ～选做素材 09
微课讲堂	扫一扫
	观看微课教学视频

扫码观看视频

1．形状绘制

❶ **打开素材文件**。打开文件"素材文件 \ Ch03\ 3.2 Banner 制作 \ 素材 01"，要绘制的花朵轮廓如图 3-22 所示。

❷ **设置【钢笔工具】**。在工具箱中选择【钢笔工具】，在属性栏中选择"路径"，这样使用【钢笔工具】绘制的将是路径。如果选择"形状"，将创建形状图层。勾选"自动添加 / 删除"复选框，如图 3-23 所示。

图 3-22

图 3-23

❸ **绘制直线段**。沿着花朵左边的轮廓，单击创建一个锚点，将鼠标指针移到其他位置并单击，创建第 2 个锚点，完成两点间直线段的绘制，如图 3-24 所示。

❹ **绘制曲线**。花瓣的边沿是一段有弧度的曲线，用【钢笔工具】单击建立新锚点的同时，按住鼠标左键并拖曳鼠标，可建立曲线段和曲线锚点，如图 3-25 所示。在新建立的曲线锚点中，可用【小白工具】调整两个独立的控制手柄来调节曲线的弧度，如图 3-26 所示。用同样的方法继续绘制其他曲线段。

图 3-24

图 3-25

图 3-26

❺ **曲线段和直线段的切换**。到花蕊部分的绘制时会发生曲线和直线的切换。释放鼠标左键后，按住【Alt】键的同时，用【钢笔工具】单击刚创建的曲线锚点，如图 3-27 所示，可将其转换为直

线锚点，如图 3-28 所示。在其他位置再次单击建立下一个新的锚点时，可在曲线段与直线段间自由切换，如图 3-29 所示。

图 3-27　　　　　　　　图 3-28　　　　　　　　图 3-29

❻ **闭合路径**。继续使用【钢笔工具】沿着花瓣的轮廓绘制路径，并将路径的终点与起点重合，得到闭合路径，如图 3-30 所示。

46

图 3-30

❼ **将路径作为选区载入**。单击"路径"面板底部的【将路径作为选区载入】按钮○，可得到路径选区，如图 3-31 所示。

❽ **保存为 PNG 透明背景格式**。在载入选区后，按快捷键【Shift +Ctrl+I】进行选区的反选，按【Delete】键删除背景图像，如图 3-32 所示。也可将文件保存为 PNG 透明背景格式的文件，方便后续使用。

图 3-31　　　　　　　　　　　　　图 3-32

2．Banner 制作

❶ 调整图像的大小和位置。打开文件"素材文件 \ Ch03\ 3.2 Banner 制作 \ 素材 02"，用【移动工具】把选区中的花朵移到"素材 02"中。按快捷键【Ctrl+T】，调整图像的大小和位置，如图 3-33 所示。

图 3-33

❷ 置入其他素材。置入其他素材，调整图像的大小和位置，如图 3-34 所示。

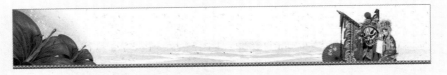

图 3-34

❸ 置入文字素材。置入文字素材，调整文字的大小和位置，如图 3-35 所示。

图 3-35

❹ 保存文件。将文件另存为"Banner 制作 .psd"，完成 Banner 的制作。

3.3　图层样式

图层样式用于为图层添加各种效果，使图层中的图像产生丰富的变化，常应用于制作按钮、图标和文字特效等。

【微课讲堂】图层样式——按钮制作

本微课讲堂通过按钮制作，介绍使用图层样式设置渐变叠加等效果。

　　任务素材　素材文件 \ Ch03\ 3.3 按钮制作 \ 素材 01
　　任务效果　实例文件 \ Ch03\ 按钮制作
　　选做素材　素材文件 \ Ch03\ 3.3 按钮制作 \ 选做素材 01 ～选做素材 04

❶ 打开素材文件。打开文件"素材文件 \ Ch03\ 3.3 按钮制作 \ 素材 01"，如图 3-36 所示。要

制作按钮的立体效果，可以通过图层样式来实现。

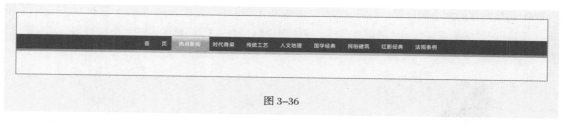

图 3-36

❷ 设置图层样式——渐变叠加。双击"底线"图层除名称以外的地方，打开"图层样式"对话框，添加"渐变叠加"样式，为导航条底部的横线设置线性渐变填充的色块，角度为"0 度"，其他参数设置如图 3-37 所示。

❸ 设置渐变填充。打开"渐变编辑器"对话框并设置渐变填充为 #ff6e02、#ffcc00、#ff6e02，如图 3-38 所示。

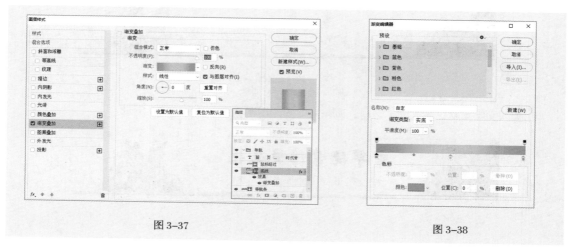

图 3-37   图 3-38

❹ 打开"图层样式"对话框。在"鼠标经过"图层上双击或右击并选择【混合选项】命令，或者单击"图层"面板底部的【添加图层样式】按钮 ，如图 3-39 所示，都可以打开"图层样式"对话框。

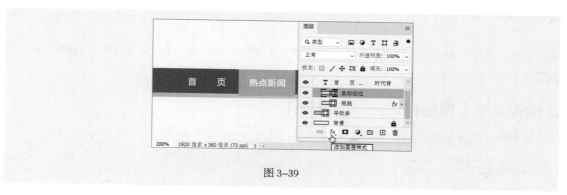

图 3-39

❺ 设置渐变填充。在"图层样式"对话框中，添加"渐变叠加"样式，打开"渐变编辑器"对话框并设置线性渐变填充为 #f39f3d、#ffd65e、#ffe8a4、#fea904，如图 3-40 所示，角度设为"90 度"。

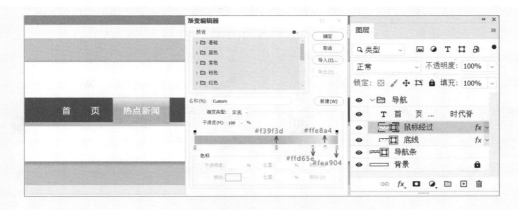

图 3-40

❻ **保存文件。**将文件另存为"按钮制作 .psd"，完成按钮的制作，如图 3-41 所示。

图 3-41

【微课讲堂】图层样式——立体图形和文字特效

制作特殊的图形和文字时，可以使用图层样式添加斜面和浮雕、描边、颜色叠加、投影等效果。

任务素材　素材文件 \ Ch03\ 3.3 立体图形和文字特效 \ 素材 01
任务效果　实例文件 \ Ch03\ 立体图形和文字特效
选做素材　素材文件 \ Ch03\ 3.3 立体图形和文字特效 \ 选做素材 01

❶ **打开素材文件。**打开文件"素材文件 \ Ch03\ 3.3 立体图形和文字特效 \ 素材 01"，如图 3-42 所示。

图 3-42

❷ **设置图层样式——描边和投影。**展开"标题"组，双击"传统工艺 匠人匠心"图层，为标题文字添加"描边"样式，设置大小为"3 像素"、位置为"外部"、颜色为白色，如图 3-43 所示。

继续为标题文字添加"投影"样式，设置混合模式为"正片叠底"、不透明度为"35%"、角度为"60度"、距离为"9像素"、扩展为"8%"、大小为"6像素"，如图3-44所示。

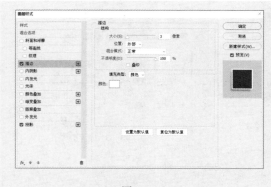

图3-43 　　　　　　　　　　　　　　　图3-44

50

❸ **复制图层样式和粘贴图层样式。** 设置好标题文字的图层样式后，在标题图层上右击，选择【拷贝图层样式】命令，分别在"横线"图层和"横线 拷贝"图层上右击并选择【粘贴图层样式】命令，重复使用设置好的图层样式，效果如图3-45所示。

传统工艺　匠人匠心

图3-45

如果想清除已经设置好的图层样式，在该图层上右击，选择【清除图层样式】命令即可。

❹ **设置图层样式——描边和投影。** 展开"形状1"组，双击"圆图"图层，为图形添加"描边"样式，设置大小为"2像素"、位置为"外部"、颜色为"#ff8941"，如图3-46所示。

继续为该图形添加"投影"样式，设置混合模式为"正片叠底"、不透明度为"35%"、角度为"60度"、距离为"7像素"、扩展为"6%"、大小为"9像素"，如图3-47所示。

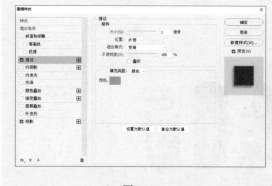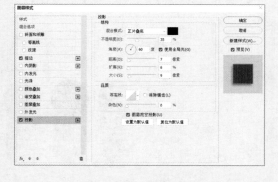

图3-46 　　　　　　　　　　　　　　　图3-47

❺ **快速完成其他图形的图层样式设置。** 设置好图层样式后，通过【拷贝图层样式】命令复制图层样式，分别在"形状2"组～"形状6"组的"圆图"图层上右击并选择【粘贴图层样式】命令，快速完成其他图形的图层样式设置，效果如图3-48所示。

图 3-48

3.4　图层的混合模式

图层的混合模式决定了当前图层中的图像与其下面图层中的图像以何种模式进行混合。图层的混合模式有 6 组，如图 3-49 所示。每个混合模式组包含不同的混合模式，具体如下。

图 3-49

- 正常模式组：包括正常、溶解。
- 变暗模式组：变暗模式组混合后一定比正常模式组暗，包括变暗、正片叠底、颜色加深、线性加深、深色。
- 变亮模式组：变亮模式组混合后一定比正常模式组亮，包括变亮、滤色、颜色减淡、线性减淡、浅色。
- 叠加模式组：叠加模式组主要用于为图像去灰，让暗的区域更暗、亮的区域更亮，包括叠加、柔光、强光、亮光、线性光、实色混合。
- 差值模式组：包括差值、减去、排除、划分。
- 色彩模式组：包括色相、饱和度、颜色、明度。

【微课讲堂】图层的混合模式——Banner 制作

使用图层的混合模式时至少需要两个图层，为图层设置不同的混合模式可使图层产生丰富的视觉效果。

任务素材	素材文件 \ Ch03\ 3.3 Banner 制作 \ 素材 01
任务效果	实例文件 \ Ch03\ Banner 制作
选做素材	素材文件 \ Ch03\ 3.3 Banner 制作 \ 选做素材包

❶ 打开素材文件。打开文件"素材文件 \ Ch03\ 3.3 Banner 制作 \ 素材 01 "，如图 3-50 所示。

图 3-50

❷ 设置图层的混合模式。在"图层"面板，将"华表 拷贝"图层的混合模式设置为"强光"，将"华表"图层的混合模式设置为"变亮"，如图 3-51 所示，得到更立体的图像。

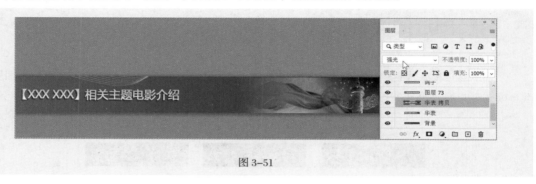

图 3-51

【创意设计】网站设计——中华优秀传统文化专题网

网站是信息传播的媒介，也是单位对外宣传的形象窗口之一。网站规划的目的不同，网站设计的方案存在极大差异。要做好网站设计，需求分析十分关键，中华优秀传统文化专题网的网站设计需求分析表如表 3-1 所示，设计效果图如图 3-52 所示。

表 3-1　网站设计需求分析表

需求	详细内容
网站主题	中华优秀传统文化专题网
需求分析	通过专题网站建设，突出"中华优秀传统文化"，让"新时代传统文化"充分发挥育人作用，实现传承与创新中华优秀传统文化，培养学生的文化自信。 思考：怎么打造专题网站形象和内容，从哪个角度入手和展开？
导航栏目 （一般 8～10 个）	首页、时政新闻、时代脊梁、传统工艺、人文地理、国学经典、民俗建筑、红影经典、法规条例。 参考同类中华优秀传统文化网站的栏目规划，把强项、重点内容突出，并放置在"视线黄金位置"，弱化或删除弱项
栏目内容	时政新闻、公告通知、时代脊梁、红影经典、传统工艺。 首页放置网站最有价值的内容，不重要的内容不要放在首页
网站风格	稳重大气，具有中华优秀传统文化特色和传统元素。 从主题和 Banner 图片入手
主要色调	红色、橙黄色

项目素材　素材文件 \ Ch03\ 3.3 中华优秀传统文化专题网 \ 素材 01 ～素材 12
项目效果　实例文件 \ Ch03\ 中华优秀传统文化专题网

图 3-52

【设计背景】

大学生应当传承中华优秀传统文化，培养严谨务实、合作创新的团队精神，树立挑战自我、超越自我的学习态度。学校为了推进传承中华优秀传统文化主题教育的开展，策划了回顾红色经典影片等活动。学生们想要为此次活动设计一个专题网站，首先从影片中提取设计元素，并参考校内已有的专题网站，分析在本次专题网站的栏目设置上还可以增加哪些方面的内容。

【创想火花】

❶ Banner 设计：用含中国元素的图片，突出中华优秀传统文化专题网站主题。

❷ 导航设计：在鼠标指针经过时的按钮效果中使用渐变色块，增加网站的灵动性和辨识度，提升图标视觉美观效果。

❸ 栏目设计：板块划分明确、视觉元素丰富、层级清晰，页面重点突出，有视觉重点。

❹ 设计网页尺寸：计算机常用的屏幕分辨率有 1920 像素 ×1080 像素、1680 像素 ×1050 像素、1440 像素 ×900 像素、1280 像素 ×1024 像素、1024 像素 ×768 像素等，目前 1920 像素 ×1080 像素的分辨率正在飞速普及。在设计网页时要考虑计算机屏幕分辨率下浏览器的有效可视区域，主体内容区 / 有效可视区的宽度最好为 1000 ～ 1200 像素，高度可根据具体的内容设置，如图 3-53 所示。

【应用工具】

❶ 形状工具组；❷ 图层样式。

【操作步骤】

❶ **打开素材文件。**按快捷键【Ctrl+O】，打开文件"素材文件 \ Ch03\ 中华优秀传统文化专题网 \ 素材 01"，如图 3-54 所示。

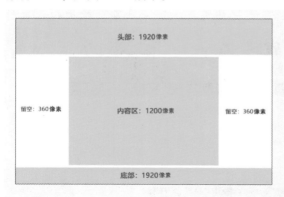
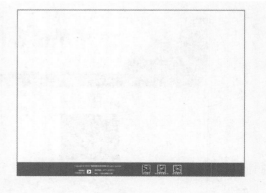

图 3-53　　　　　　　　　　　　　　　　　　　　图 3-54

54

❷ **添加内容并调整页面布局。**将前面完成的导航菜单、Banner、栏目等内容置入该文件中，并以参考线为辅助，调整好网页的页面布局，如图 3-55 所示。

图 3-55

❸ **保存文件。**将文件另存为"中华优秀传统文化专题网 .psd"。

<table>
<tr>
<td>使用技巧</td>
<td>

网页元素包含以下几个模块。

❶ Logo 和导航设计：任何类型的网站都需要在网站明显的位置放置 Logo 和导航。Logo 和导航可以极大地强化品牌文化和增强网页的指引性，让用户轻松快速地找到想要的内容。

❷ 广告设计：网页上方或中间部位一般会留一个广告位，通过 Banner 宣传企事业单位的产品和活动，以引起用户注意，激发用户的浏览欲望。Banner 的展示形式是多样的，可以是动画、轮换图片等。

❸ 位置标示：明确告诉用户当前的具体位置。

❹ 主体内容：主体内容基本都在网页的中间部位，列出的栏目是网站中最重要、最有价值、关注群体最想知道的信息点的内容模块。

❺ 页脚设计：页脚包含版权信息、企事业单位的详细联系方式、二维码等，能快速满足用户的联系需求，在用户转化方面有着非常显著的作用，也是页面平衡的重要元素，没有页脚会让页面显得头重脚轻。
</td>
</tr>
</table>

📖 问题与思考

1. 网站的页面设计一般包含哪几个页面？各页面有什么特点？

2. 怎么保持网站整体风格统一？

【思维拓展】专题网站二级页面、三级页面设计

1. 在保持中华优秀传统文化专题网首页设计风格的基础上，用 Photoshop 完成该网站二级页面（列表页）和三级页面（内容页）的设计。

2. 完成中华优秀传统文化专题网红影经典的 Banner 改版。

3.5　课后实践

【项目设计】学院网站设计

对广西机电职业技术学院"信息工程学院网站"或"艺术设计学院网站"进行改版设计。在 Photoshop 课程结束前两周，以项目小组为单位提交作业。

【设计要求】

1. 参考同类网站，根据学院的专业设置等，重新规划网站栏目、功能区布局等。（10 分）

2. 要求网页设计从易用性、主题配色、版面布局、栏目规划和图片运用等方面，更好地突出网页内容的特点和学院特色，有效提高点击率。（30 分）

3. 用 Photoshop 完成 3 个页面的设计：首页（一级页面）、列表页（二级页面）、内容页（三级页面）。（40 分）

4. 在 Photoshop 中做好网页切片，提交 3 类文件：素材文件、PSD 格式的源文件和切片文件。（15 分）

5. 提交具体项目小组人员名单和分工，将文件命名为"班级项目小组 - 主题名称"，如 2104 奋进项目组 - 信息工程学院网站。（5 分）

图标创意设计

知识目标

- 了解图标的作用和设计原则；
- 掌握图标创意设计的 3 个步骤；
- 掌握形状工具、颜色填充功能、图层样式的应用。

能力目标

- 能使用形状工具和颜色填充功能绘制简单的图形；
- 能使用图层样式制作图形的立体效果；
- 能独立完成图标的设计和制作。

素养目标

以图标设计——中国元素图标设计为载体，实施标准化和规范化的操作。通过项目制作，培养遵守职业规范和精益求精的工匠精神，树立严谨务实的学习态度。

⊙【项目引入】图标设计——中国元素图标设计

图标是界面中重要的信息传播载体，精美的图标设计能起到画龙点睛的作用，有效提高点击率和推广效果。

本项目通过中国元素图标设计（效果如图 4-1 所示），帮助读者巩固形状工具、自由变换功能、颜色填充功能、图层样式等的应用。通过本项目的学习，读者可以根据设计任务的需要，绘制含有中国元素的特色图标，并能为绘制的图标添加丰富的视觉效果。

图 4-1

【相关知识】

4.1 图标的作用

路牌是常见的交通标识，如图 4-2 所示。路牌设计若只追求美观度而缺乏辨识度，则司机在行车过程中会为了辨识路牌减速或停车，很容易引起交通堵塞和交通事故。

手机 App 广泛应用的今天，金刚区、活动专区、底部功能导航栏等，都趋于"图片 + 文字"的图标表现形式，如图 4-3 所示。图标的特点可归纳为以下几个。

- 图标具有高辨识度，更容易传达事物的特征。
- 图标具有快速引导功能，有效提供行动指引。
- 图标具有简洁性，使设计者能在有限的空间里放置更多的内容。
- 图标可以增强趣味性。

图 4-2

图 4-3

57

4.2　图标创意设计详解

一个优秀的图标，应该呈现事物的主要元素特征，还应精准、简约。在做图标设计时，要通过图标指引用户的行为，从这个切入点进行图标的制作。

【图标创意·任务要求】

相机图标是手机界面中最常见的图标之一，也是 UI 设计师需要掌握的入门级图标。观察并分析相机结构图（见图 4-4），设计一枚扁平化风格的相机图标，要求图标具备醒目、简洁、易辨识等基本特点。

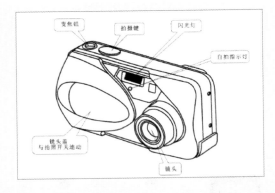

图 4-4

【图标创意·三步曲】

第一步：参考现实图库，提升图标设计的辨识度。

找参考图片，方法如下。

❶ **关键词**：拍照、照片、相机、照相机、数码相机，如图 4-5 所示。

❷ **具象化名词**：相机、照相机，如图 4-6 所示。

❸ **生活图库**：百度搜图、视觉中国、海洛创意，如图 4-7 所示。

| 图 4-5 | 图 4-6 | 图 4-7 |

第二步：从基础造型图库中，参考造型，优化图标设计的辨识度。

通过图库网站，找基础造型。

❶ **Iconfont 网站**：阿里巴巴矢量图标库里有大量的图标造型。

❷ **高辨识度**：在参考图库中，找出具有高辨识度的图标，如图 4-8 所示。

第三步：从视觉样式图库中，参考图标样式，优化图标设计的趣味性。

通过创意搜图，找图标设计的参考样式。

创意搜图：在花瓣网、站酷、昵图网等网站中找参考样式，如图 4-9 所示。

图 4-8　　　　　　　　　　　　　　　　　图 4-9

【 **图标创意·相机效果图** 】

通过找到的图标设计参考样式图，融入自己的想法和创意，加入具有地域特色的中国元素，如图 4-10 所示。

图 4-10

【图标创意·相机分解图】

在制作图标的过程中，分相机外壳、镜头、镜头光 3 部分来实现，如图 4-11 所示，这样更容易理解构图和工具的运用。

【图标创意·相机设计图】

以广西地域文化特色为例，运用壮锦图案进行图标装饰，还可以通过巧妙的图形变化等，演变出更多的图标造型，如图 4-12 所示。

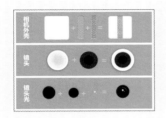

图 4-11

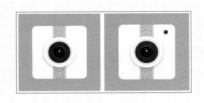

图 4-12

59

4.3　图标的用色

图标的用色会影响图标设计的成败。要对图标进行科学配色，需要了解色彩的情绪和语言。图 4-13 所示是一个租房 App 的图标展示，整租、合租使用橙色系，品牌公寓使用红色系，地图找房使用蓝色系，房屋委托使用绿色系。这样配色的原因和理由是什么？我们要从色彩情绪、业务联系、邻近色原则 3 个方面进行考虑，通过色彩解读，实现科学用色。

图 4-13

从色彩情绪考虑，红色系、橙色系具有"活力、热情、热度高"等含义，适合整租、合租、品牌公寓；蓝色系具有"科学、可靠、稳重"等含义，适合地图找房；绿色系具有"安心、放心"等含义，适合房屋委托，如图 4-14 所示。

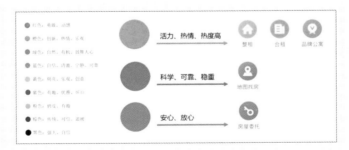

图 4-14

从业务联系考虑，整租、合租、品牌公寓 3 部分内容，在产品业务功能上有共同特性，使用同一色系的邻近色图标，更能呈现内容的整体性，能让人更容易辨识业务的联系。

从邻近色原则考虑，可以取色环上夹角小于 60° 的邻近色进行搭配，如图 4-15 所示。

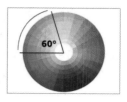

图 4-15

色彩、图形和结构会牵涉一系列的心理变化过程，在设计图标时应当明白什么样的色彩和形象会引起人们什么样的情绪和感受，这些规律是获得用户信任，激励他们选择产品的捷径。应该尽量避免使用过于明亮的色彩，饱和度太高会给人刺眼的感觉。中性的配色方案会更加优雅，但是它们容易让用户感到厌倦，这样的配色方案如果套用到图标配色上，也很容易在长时间的接触中被逐步忽略。重要的信息应当用色大胆并且清晰深刻，这样才能吸引用户的注意力。

4.4 图标的设计方法

App 界面设计中常使用大量的图标，怎么让 App 的小界面发挥出图标的大作用？可通过增强图标的功能引导性和趣味性，使图标在具备美观度和科学度的同时，提升视觉效果。也可通过增强主体元素的层次性、主副体元素之间的阴影分割，增加图标的立体感和层次感等。常用设计方法有 3 种，如图 4-16 所示。

图 4-16

【创意设计】图标设计——中国元素图标设计

图标设计是一种利用文字或图形，构成具体可见的象征性视觉符号，并将这一视觉符号中的内容、信息、观念有效传达，达到树立品牌形象或提供功能指引的目的的设计。在文化多元化的今天，设计可以深度挖掘中国的传统文化元素，将传统文化的美感与现代语言结合，使图标设计既能体现传统文化特色，又富有时代魅力，案例效果如图 4-17 所示。

图 4-17

项目素材 素材文件 \ Ch04\ 素材 01
项目效果 实例文件 \ Ch04\ 创意图标

【设计背景】

质量之魂，存于匠心！工匠精神是大国崛起必不可少的精神品质，也是职业发展的必然要求。学校为了培养学生务实勤奋、追求卓越、精益求精的工匠精神，提升学生的技艺和创新精神，开展了"三走进"活动，让企业工匠走进校园，让学生走进企业并近距离感受工匠精神。活动结束后，学生们决定设计一款中国元素图标，在设计过程中感受工匠精神。

【应用工具】

❶ 形状工具；❷ 自由变换；❸ 颜色填充；❹ 图层样式。

【操作步骤】

1．相机外壳制作

❶ **新建文件**。按快捷键【Ctrl+N】，弹出"新建文档"对话框，设置名称为"创意图标"、宽度为"1000 像素"、高度为"1000 像素"、分辨率为"72 像素 / 英寸"、颜色模式为"RGB 颜色"、背景色为"#909197"，单击【创建】按钮。

❷ **绘制形状**。选择工具箱中【矩形工具】，绘制圆角矩形，在属性栏中选择"形状"，设置填充为"渐变"（#e6fdff、#f5feff）、描边为"无颜色"、半径为"55 像素"，其他设置见图 4-18。

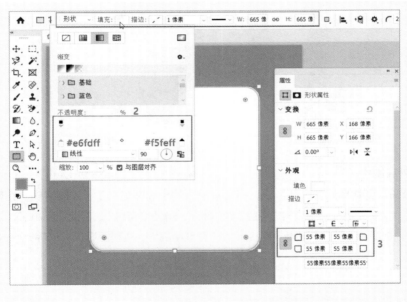

图 4-18

❸ **设置图层样式**。右击"圆角矩形 1"图层，选择【混合选项】命令，在弹出的"图层样式"对话框中，为圆角矩形添加"斜面和浮雕"样式，具体参数如图 4-19 所示。

❹ **绘制长条形状**。选择工具箱中【矩形工具】，绘制圆角矩形，在属性栏中选择"形状"，设置填充为"渐变"（#2fbbbd、#00dfe2）、描边为"无颜色"，并设置居中对齐，如图 4-20 所示。

❺ **置入壮锦花纹并创建剪贴蒙版**。置入"素材 01"的壮锦花纹，并调整素材的位置和大小，设置所有元素居中对齐，在"素材 01"图层上右击并选择【创建剪贴蒙版】命令，通过剪贴蒙版把超出的图形隐藏，设置图层的混合模式为"浅色"，如图 4-21 所示。

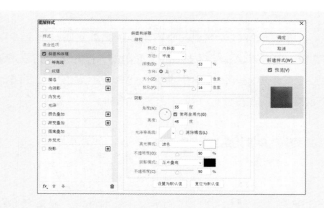

图 4-19

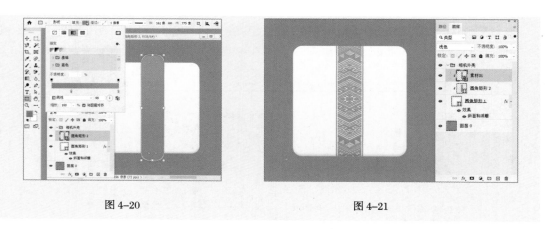

图 4-20　　　　　　　　　　　　　　图 4-21

2．镜头外壳制作

❶ **绘制镜头**。创建新组"镜头"，选择工具箱中的【椭圆工具】，绘制镜头，在属性栏中设置填充为"纯色"（#96adb0）、描边为"纯色"（#f5feff）、30 点、实线"。若镜头画小了，可通过"属性"面板修改尺寸，【关联设置】按钮用于链接形状的宽度和高度，实现图形尺寸的等比修改，如图 4-22 所示。

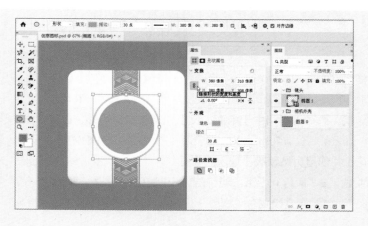

图 4-22

❷ **添加立体效果**。右击"椭圆 1"图层，选择【混合选项】命令，在弹出的"图层样式"对话框中为镜头添加"投影"样式，参数如图 4-23 所示。再添加"内发光"样式，参数如图 4-24 所示。

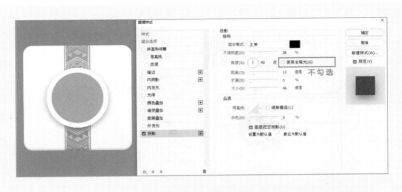

图 4-23

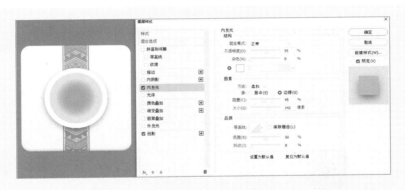

图 4-24

3．镜头制作

❶ 按快捷键【Ctrl+J】，复制椭圆形，右击"椭圆 1 拷贝"图层并选择【清除图层样式】命令。

❷ 按快捷键【Ctrl+T】，调整镜头大小，按快捷键【Shift+Alt】，同心等比例缩放镜头，修改填充和描边的颜色，效果如图 4-25 所示。

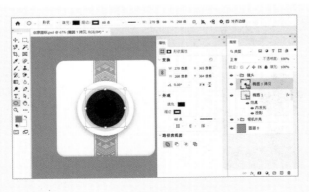

图 4-25

4. 镜头光制作

❶ 按快捷键【Ctrl+J】，复制圆形镜头，调整镜头大小，修改颜色，如图 4-26 所示。

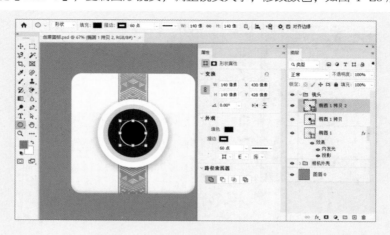

图 4-26

❷ 添加"斜面和浮雕"样式，为镜头光增加层次感，参数如图 4-27 所示。再添加"内发光"样式，参数如图 4-28 所示。

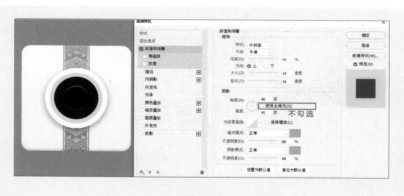

图 4-27

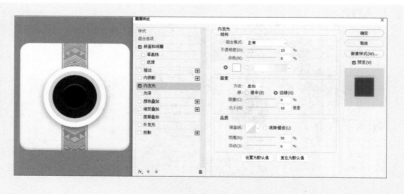

图 4-28

❸ 按快捷键【Ctrl+J】，复制镜头光，调整大小，制作小光圈，如图 4-29 所示。

❹ 添加两个小高光，完成相机图标的制作，如图 4-30 所示。

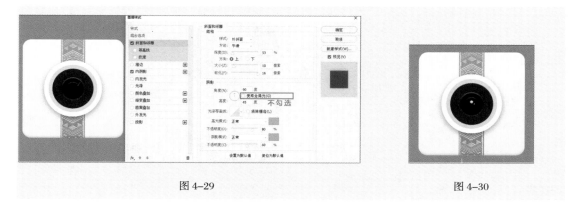

图 4-29　　　　　　　　　　　　　　　　　　图 4-30

【思维拓展】新媒体美工综合设计能力提升

　　App 界面设计中的好设计应该具备"从强到弱再到强"的合理布局，如图 4-31 所示。图标的设计要有丰富的层级布局，清晰、合理的板块划分，才能突出页面重点，有效引导用户快速阅读，提升视觉体验效果。

　　互联网技术下的新媒体发展迅速，成为新时代的主要信息传播方式。互联网 UI 设计师要具备新媒体美工的综合设计能力，还要掌握软件基础、设计规范、设计交互原则、用户体验等方面的知识，仅掌握 Photoshop 的操作方法是远远不够的。

图 4-31

4.5　课后实践

【项目设计】App 图标设计

　　在以下项目中任选其一完成设计。

　　1. 参考前文的【创意设计】图标设计——中国元素图标设计的设计步骤，完成至少两个主题系列图标设计。

　　2. 找国内当前热门的 App 进行临摹，完成一组金刚区的图标设计，要求设计 3 ~ 6 个图标。

　　3. 找国内当前热门的 App 进行首页改版，新版设计要求具备"从强到弱再到强"的合理布局，板块划分清晰、明确。

商业修图篇

05 ——————————————— 项目 5

选区工具的应用

学习目标

知识目标

● 掌握【矩形选框工具】、【椭圆选框工具】的应用；
● 掌握套索工具、【魔棒工具】的应用。

能力目标

● 能使用【矩形选框工具】、【椭圆选框工具】创建规则选区；
● 能使用套索工具、【魔棒工具】创建不规则选区；
● 能灵活使用各种工具创建选区，并完成抠图；
● 能灵活运用所学工具和命令制作宣传展板。

素养目标

以宣传展板设计——数字校园为载体，感受"科技创新与文化自信是提升国家核心竞争力的必由之路"这句话的含义。

🎯 【项目引入】宣传展板设计——数字校园

选区工具是 Photoshop 中用来控制调整范围的工具，可以对这个调整范围进行抠图、填充颜色、填充图案等操作。本项目通过数字校园宣传展板的设计与制作，帮助读者熟练掌握选区工具的使用方法和技巧，为日后设计优秀作品打下基础。宣传展板的最终效果如图 5-1 所示。

图 5-1

【相关知识】

5.1 创建规则选区

选框工具组包含【矩形选框工具】□、【椭圆选框工具】○、【单行选框工具】＝＝和【单列选框工具】ⅰ，用于进行区域的选择，或者辅助图形绘制。这些工具的属性栏都是一样的，下面以【矩形选框工具】的属性栏为例进行介绍，如图 5-2 所示。

图 5-2

- 新选区□：单击该按钮，可以创建一个新选区。如果已经存在选区，新创建的选区将替代原来的选区。
- 添加到选区□：单击该按钮，可以将当前创建的选区添加到原来的选区中，按住【Shift】键也可以实现相同的操作。
- 从选区减去□：单击该按钮，可以将当前创建的选区从原来的选区中减去，按住【Alt】键也可以实现相同的操作。
- 与选区交叉□：单击该按钮，新建选区时只保留原有选区与新创建的选区相交的部分，按住快捷键【Alt+ Shift】也可以实现相同的操作。
- 羽化：主要用来设置选区的羽化范围。羽化值小的羽化边缘清晰，羽化值大的羽化边缘被虚化。
- 消除锯齿：只有在使用【椭圆选框工具】和其他选区工具时，"消除锯齿"复选框才可用。由于消除锯齿只影响边缘像素，因此不会丢失细节，在剪切、复制和粘贴选区图像时非常有用。
- 样式：用来设置选区的创建方法。当选择"正常"选项时，可以创建任意大小的选区；当选择"固定大小"选项时，可以在右侧的"宽度"文本框和"高度"文本框中输入数值，以创建固定大小的选区。

【微课讲堂】矩形选框工具——选取矩形图像

【矩形选框工具】主要用于选取矩形图像，是比较常用的工具。

任务素材	素材文件 \ Ch05\ 素材 01
选做素材	素材文件 \ Ch05\ 选做素材 01
微课讲堂	扫一扫
	观看微课教学视频

扫码观看视频

❶ 新建文件。按快捷键【Ctrl+N】，弹出"新建文档"对话框，设置宽度为"120 厘米"、高度为"200 厘米"、分辨率为"150 像素 / 英寸"、颜色模式为"RGB 颜色"、背景色为"#f0f0f0"，单击【创建】按钮。

❷ 绘制矩形选区。打开文件"素材文件 \ Ch05\ 素材 01"，选择工具箱中的【矩形选框工具】，框选"数字化校园基础网络"区域，如图 5-3 所示。

❸ **复制图像到新文件。** 按快捷键【Ctrl+C】进行复制，返回到新建的文件并按快捷键【Ctrl+V】进行粘贴，或者选择工具箱中的【移动工具】，将选区中的图像拖曳到新建的文件中，效果如图 5-4 所示。

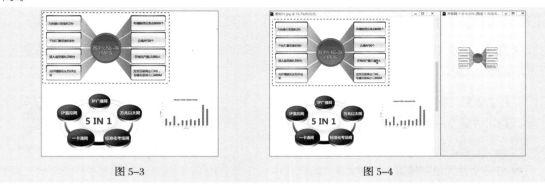

图 5-3　　　　　　　　　　　　　　　　图 5-4

❹ **保存文件。** 保存文件，命名为"数字校园 .psd"。

【微课讲堂】椭圆选框工具——选取椭圆形图像

【椭圆选框工具】用于选择椭圆形图像。

任务素材	素材文件 \ Ch05\ 素材 01
选做素材	素材文件 \ Ch05\ 选做素材 02
微课讲堂	扫一扫
	观看微课教学视频

扫码观看视频

❶ **打开标尺并设置参考线。** 打开文件"素材文件 \ Ch05\ 素材 01"。在菜单栏中选择【视图】-【标尺】命令，选择工具箱中的【移动工具】，从标尺处拖曳鼠标，设置参考线。

❷ **由圆心向外绘制椭圆形选区。** 选择工具箱中的【椭圆选框工具】，按住【Alt】键，绘制由圆心向外扩展的椭圆形选区。如果要绘制圆形选区，按住快捷键【Alt+Shift】。选择工具箱中的【移动工具】，将选区中的图像拖曳到数字校园 .psd 文件中，如图 5-5 所示。

❸ **保存文件。** 保存"数字校园 .psd"文件。

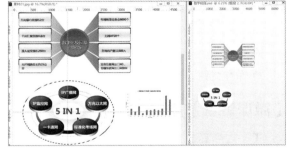

图 5-5

使用技巧

- **羽化：** 可以柔化选区的硬边界，使选区边界产生一个被羽化的过渡段，达到柔化选区边缘的目的。
- **绘制选区：** ❶ 按住【Shift】键可切换到"添加到选区"状态；❷ 按住【Alt】键可切换到"从选区减去"状态；❸ 按住快捷键【Alt+Shift】可切换到"与选区交叉"状态。
- **绘制技巧：** 在使用【矩形选框工具】或【椭圆选框工具】时，按住【Shift】键可创建正方形选区或圆形选区；按住快捷键【Alt+Shift】，可创建以起点为中心的正方形选区或圆形选区。

5.2 创建不规则选区

【微课讲堂】套索工具——选取图表

【套索工具】 用于选择大致的轮廓，如果在绘制选区时，没有封闭选区就释放鼠标左键，系统会自动封闭选区。

任务素材	素材文件 \ Ch05 \ 素材 02
微课讲堂	扫一扫
	观看微课教学视频

扫码观看视频

❶ **打开文件并绘制选区。** 打开文件"素材文件 \ Ch05 \ 素材 02"。选择工具箱中的【套索工具】，单击图像合适的位置以确定起点，按住鼠标左键拖曳出需要选择的区域，到达合适的位置后释放鼠标左键，选区将自动闭合。

❷ **复制图像到新文件。** 按快捷键【Ctrl+C】进行复制，返回到新建的文件并按快捷键【Ctrl+V】进行粘贴，或者选择工具箱中的【移动工具】，将选区中的图像拖曳到"数字校园 .psd"文件中，如图 5-6 所示。

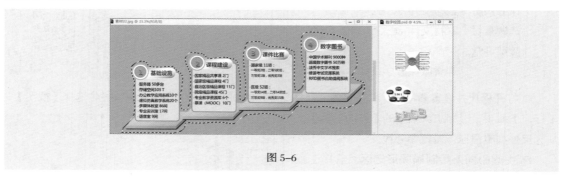

图 5-6

❸ **保存文件。** 保存"数字校园 .psd"文件。

【微课讲堂】多边形套索工具——选取图表

【多边形套索工具】 用于绘制多边形选区。在使用该工具的过程中，双击的地方会直接和起点连成一条线。

任务素材	素材文件 \ Ch05 \ 素材 02
选做素材	素材文件 \ Ch05 \ 选做素材 03
微课讲堂	扫一扫
	观看微课教学视频

扫码观看视频

❶ **打开文件并绘制选区。** 打开文件"素材文件 \ Ch05 \ 素材 02"。选择工具箱中的【多边形套索工具】，单击图像合适的位置以确定起点，沿着图像的外轮廓单击绘制，最后让终点与起点重合或双击封闭选区。使用【多边形套索工具】绘制直边或斜边等比较容易，但想精确绘制弧形线条并不容易。

❷ 复制图像到新文件。按快捷键【Ctrl+C】进行复制，返回到新建的文件并按快捷键【Ctrl+V】进行粘贴，或者选择工具箱中的【移动工具】，将选区中的图像拖曳到"数字校园.psd"文件中，如图 5-7 所示。

❸ 保存文件。保存"数字校园.psd"文件。

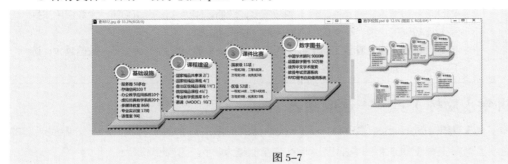

图 5-7

使用【多边形套索工具】绘制选区时，按住【Shift】键可以在水平、垂直或 45°的倍数方向绘制；按住【Delete】键可以反向依次撤销绘制的锚点。

【微课讲堂】磁性套索工具——选取图表

【磁性套索工具】 带有自动吸附边缘的功能，可以智能地自动选取不规则的并与背景反差大的图像，反差越大的地方越容易识别。

任务素材　素材文件 \ Ch05\ 素材 02	
选做素材　素材文件 \ Ch05\ 选做素材 04	
微课讲堂　扫一扫	
观看微课教学视频	扫码观看视频

❶ 打开文件并绘制选区。打开文件"素材文件 \ Ch05\ 素材 02"。选择工具箱中的【磁性套索工具】，在图像上单击确定第一个锚点，沿着要选择的图像边缘慢慢地移动鼠标指针，新的锚点会自动吸附到色彩差异明显的边缘。移动鼠标指针至起点位置，鼠标指针会变为 形状，单击闭合选区。

❷ 复制图像到新文件。按快捷键【Ctrl+C】进行复制，返回到新建的文件并按快捷键【Ctrl+V】进行粘贴，或者选择工具箱中的【移动工具】，将选区中的图像拖曳到"数字校园.psd"文件中，如图 5-8 所示。

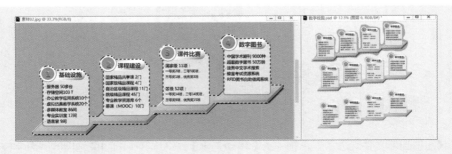

图 5-8

❸ **保存文件。**保存"数字校园.psd"文件。

> • 宽度：设置【磁性套索工具】的探查距离，取值范围为 1 ～ 40，数值越大，探查的范围越大。
> • 对比度：设置【磁性套索工具】的敏感度，取值范围为 1% ～ 100%，大数值用来探查对比较强的边缘，小数值用来探查对比较弱的边缘。
> • 频率：设置【磁性套索工具】锚点的连接速率，取值范围为 1 ～ 100，数值越大，选区边缘固定越快。

【微课讲堂】魔棒工具——选取图表

【魔棒工具】![icon]是 Photoshop 提供的一种比较快捷的抠图工具，对于背景单一、分界线明显的图像，可使用【魔棒工具】快速将图像抠出，而且容差值越大，选区的范围越大。

任务素材	素材文件 \ Ch05\ 素材 02
微课讲堂	扫一扫
	观看微课教学视频

扫码观看视频

❶ **打开文件并设置【魔棒工具】。**打开文件"素材文件 \ Ch05\ 素材 02"。选择工具箱中的【魔棒工具】，在属性栏中设置取样大小为"取样点"、容差为"25"，勾选"连续"复选框。

❷ **解锁"背景"图层并绘制选区。**单击"背景"图层的【锁定】按钮解锁"背景"图层，再单击图表背景图像中的位置，图像中的虚线区域便是我们选中的区域，如图 5-9 所示。

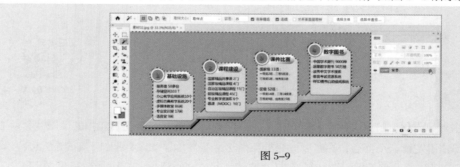

图 5-9

❸ **删除背景图像完成抠图。**按【Delete】键，删除选区内的背景图像，如图 5-10 所示。

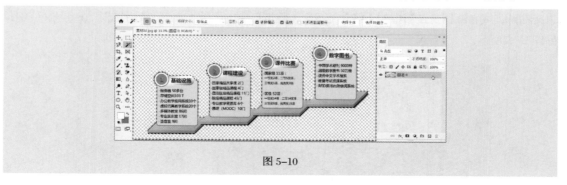

图 5-10

❹ **复制图像到新文件。**选择工具箱中的【移动工具】，将选区中的图像拖曳到"数字校园.psd"文件中。

❺ 保存文件。完成抠图后，将文件存储为副本"素材 02.png"，可作为透明背景素材使用。

使用技巧

- 容差：所选取图像的颜色接近度。容差值越大，图像颜色的接近度也就越小，选择的区域也就越大。
- 对所有图层取样：勾选此复选框时，将从所有可见图层中选择颜色；取消勾选此复选框时，【魔棒工具】将只能从当前图层中选择颜色。
- 连续：选择图像颜色时只能选择一个区域中的颜色，不能跨区域选择。如果一个图像中有几个颜色相同的圆，它们都不相交，在一个圆中使用【魔棒工具】时，勾选"连续"复选框，只能选中该圆；取消勾选"连续"复选框，图像中颜色相同的圆都会被选中。

【创意设计】宣传展板设计——数字校园

社区、学校、医院和企事业单位等通常都有专门的宣传栏区域，优秀的宣传展板设计可以营造一种良好、和谐的氛围，能促进企事业单位的文化、道德、精神和理念等的宣传。在设计上要根据不同的宣传目的、使用时间、使用场合等因素决定设计的风格，数字校园展板如图 5-11 所示。

图 5-11

> **项目素材**　素材文件 \ Ch05\ 素材 03 ～素材 06、素材 08
> **项目效果**　实例文件 \ Ch05\ 数字校园

【设计背景】

科技创新与文化自信是提升国家核心竞争力的必由之路，让学生树立科技兴国的文化自信，培养学生挑战自我、超越自我的学习态度和报国强国的家国情怀是学校今年的工作重点。开学之际，学校需要制作新的宣传展板，将设计宣传展板的工作交给数媒 3 班。3 班的同学观看以励志创新、科技创新为主题的宣传节目，思考并确定宣传展板的设计主题，同时还收集专业领域内的科技创新案例，包括知识创新、技术创新和现代科技引领的管理创新，力求制作出优秀的宣传展板。

【创想火花】

确定宣传展板的设计风格和元素时，需要明确以下内容。

❶ **环境和位置**：根据宣传展板放置的环境和位置设计展板模板，如背景墙的简洁度、明暗度等。

❷ **目的和主题**：明确制作宣传展板的目的是什么，以提炼视觉重点，突显目标主题。

❸ **板块划分**：板块划分明确、层级清晰，展板的内容设计能突出页面重点。

【应用工具】

❶ 选框工具组；❷【钢笔工具】；❸ 填充颜色；❹ 创建新组；❺ 设置对齐方式。

【操作步骤】

1．制作背景图

❶ **打开文件**。打开文件"数字校园.psd"。

❷ **隐藏图像**。把微课讲堂复制的图像隐藏。

❸ **创建新组和新图层**。单击"图层"面板底部的【创建新组】按钮，将新组命名为"背景图组"。

再单击【创建新图层】按钮，将新图层命名为"渐变背景"。

❹ **制作渐变背景。** 设置前景色为"#f3f4f6"、背景色为"#dcdde1"。选择工具箱中的【渐变工具】，在属性栏中选择"线性渐变"，从上往下拖曳鼠标绘制渐变背景。

❺ **添加底部色块。** 设置前景色为"#023a97"，新建图层"蓝底"。选择工具箱中的【矩形选框工具】，绘制矩形选区，按快捷键【Alt+Delete】填充前景色（蓝色），如图 5-12 所示。

❻ **制作斜面图形。** 按快捷键【Ctrl+D】取消选区，选择工具箱中的【钢笔工具】，绘制要删除部分的图形。单击"路径"面板底部的【将路径作为选区载入】按钮，如图 5-13 所示，载入选区后按【Delete】键删除选区中的图像，制作出斜面图形。

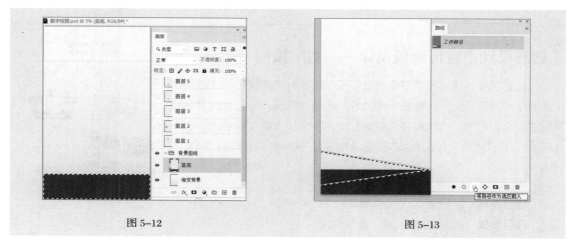

图 5-12   图 5-13

❼ **制作具有层次感的立体边缘。** 按快捷键【Ctrl+D】取消选区，再按快捷键【Ctrl+J】复制当前图层，得到"蓝底 拷贝"图层。按住【Ctrl】键并单击图层缩览图，载入相应图层的选区。设置前景色为"#009cff"，按快捷键【Alt+Delete】填充前景色（浅蓝色）。取消选区，把"蓝底 拷贝"图层拖曳到"蓝底"图层下面。按键盘上的【↑】键，将"蓝底 拷贝"图层向上移动 5 像素。用同样的方法制作白线边缘，如图 5-14 所示。

❽ **置入底部素材。** 置入"素材 08"并调整位置和大小，如图 5-15 所示。

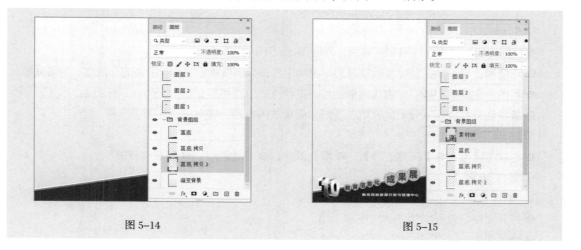

图 5-14   图 5-15

2. 制作宣传展板标题

❶ 创建新组和新图层。单击"图层"面板底部的【创建新组】按钮,将新组命名为"标题组"。再单击【创建新图层】按钮,将新图层命名为"横线"。

❷ 制作头部横线。设置前景色为"#f30600",选择工具箱中的【矩形选框工具】,绘制矩形选区,按快捷键【Alt+Delete】填充前景色(红色),按快捷键【Ctrl+D】取消选区。选择工具箱中的【缩放工具】,将画布中的横线局部放大。选择工具箱中的【矩形选框工具】,在横线三分之一的位置绘制矩形选区,如图 5-16 所示。按【Delete】键删除选区中的图像,得到上窄下宽的双实线效果,如图 5-17 所示。

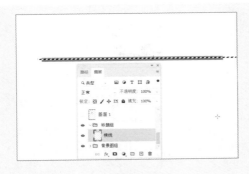

图 5-16   图 5-17

❸ 输入标题文字。设置前景色为"#023a97",选择工具箱中的【横排文字工具】,在属性栏中设置"微软雅黑、Bold、300 点、浑厚",输入标题文字"数字校园",如图 5-18 所示。

❹ 设置当前对象居中对齐。按住【Shift】键并单击对应图层缩览图,同时选择"数字校园"图层和"横线"图层。选择工具箱中的【矩形选框工具】,框选整个画布,再选择工具箱中的【移动工具】,在属性栏中单击【水平居中对齐】按钮,可设置当前对象在选区范围内居中对齐,如图 5-19 所示。

 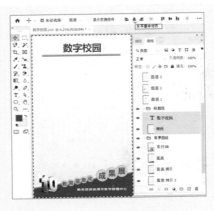

图 5-18   图 5-19

3. 制作宣传展板内容

❶ 输入正文文字。设置前景色为"#023a97",选择工具箱中的【横排文字工具】,在属性栏中设置"微软雅黑、Regular、80 点、浑厚",输入文字"2003 年以来,学院对信息化建设累计投入约 6571 万元,建设完成 5 网合 1 的数字化校园基础网络。"

❷ **创建新组并调整置入的对象。** 创建新组"内容组"，将前期置入的对象拖曳到"内容组"里，并调整图像的大小和位置，如图 5-20 所示。

❸ **删除背景颜色。** 当前图层为"图层 2"，选择工具箱中的【魔棒工具】 ，单击图像中的白色背景区域，按【Delete】键，删除选区内的背景图像，如图 5-21 所示。其他图像中背景图像的删除同以上操作，如"数字化校园基础网络"图表。

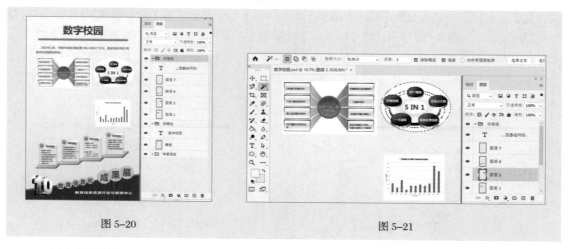

图 5-20　　　　　　　　　　　　　　　　　　　　图 5-21

❹ **创建新组并置入图像。** 创建新组"照片组"，将"素材 03"～"素材 06"置入，调整图像的大小和位置，如图 5-22 所示。

❺ **绘制圆角矩形背景框。** 设置前景色为"#b0bed8"，选择工具箱中的【矩形工具】，属性栏中的参数设置如图 5-23 所示，绘制圆角矩形背景框。也可以在菜单栏中选择【窗口】-【属性】命令进行参数设置。

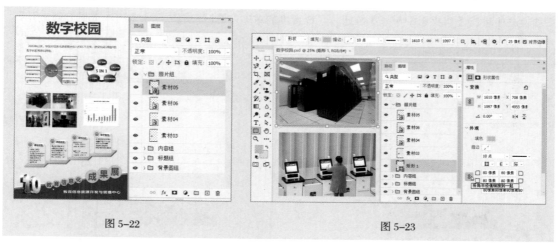

图 5-22　　　　　　　　　　　　　　　　　　　　图 5-23

❻ **设置对象居中对齐。** 按住【Ctrl】键并单击"素材 05"缩览图载入该对象的选区，将当前图层设置为"矩形 1"。选择工具箱中的【移动工具】，在属性栏中单击【水平居中对齐】按钮、【垂直居中对齐】按钮，设置当前对象在选区范围内居中对齐，如图 5-24 所示。

❼ **复制多个对象并设置对象居中对齐。** 按快捷键【Ctrl+J】复制多个对象，按以上操作步骤设置对象居中对齐，如图 5-25 所示。

图 5-24　　　　　　　　　　　　　　　　　　图 5-25

❽ **保存文件**。缩小画布查看整体对象组的位置和区块间距是否合理，可对整个组的图像进行微调，保存"数字校园 .psd"文件，如图 5-26 所示。

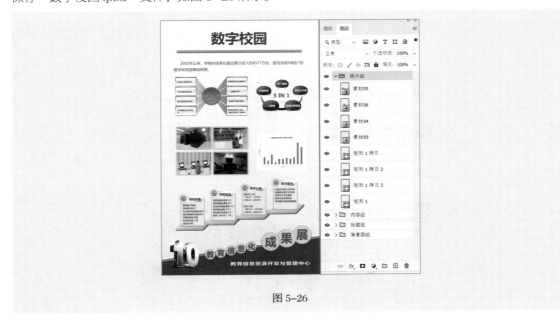

图 5-26

🖾 问题与思考

1. 宣传展板内容的设计中，如何提炼文字和进行画面排版？
2. 系列主题宣传展板设计中，怎么把控整体风格的统一性？

【思维拓展】系列主题宣传展板设计

根据"教育信息化成果展 -10 周年"宣传展板文案的内容，思考如何收集相关素材，提炼各模块的主题内容，并设计系列主题宣传展板，如图 5-27 和图 5-28 所示。

图 5-27

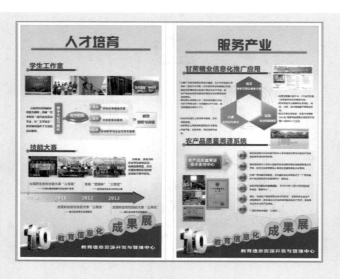

图 5-28

5.3 课后实践

【项目设计】宣传展板设计

在以下主题中任选其一完成宣传展板设计。

1. 以"地龙养殖——引领乡村产业振兴新时代"为主题，设计宣传展板。

2. 以"营造科技创新氛围 激发科技创新活力"为主题，设计宣传展板。

【设计要求】

1. 收集 3 个同类主题宣传展板，并设计主题宣传展板的模板。

2. 自己找素材，并进行展示模块和文案内容的提炼和设计。

3. 宽为 300 厘米，高为 164 厘米，分辨率为 100 像素 / 英寸。

06 —————————————— 项目 6

图像的裁剪和修复

⊚ 【项目引入】网站设计——金多利装饰网站

本项目主要介绍裁剪工具、修复图像工具的使用方法。通过本项目的学习，读者可以根据设计任务的需要，裁剪出合适大小的图像，巧妙使用修复图像工具修复图像，完成金多利装饰网站的设计和制作。网站的最终效果如图 6-1 所示。

图 6-1

【相关知识】

6.1　图像的裁剪

在实际的设计和制作工作中，有一些素材不符合设计要求，需要通过裁剪工具对其进行裁剪处理。

【微课讲堂】裁剪工具——家装图裁剪

【裁剪工具】 ▢ 用于裁剪图像。选定裁剪区域后，区域边缘出现的 8 个控制手柄用于改变选区的大小，还可以用鼠标进行区域旋转。其属性栏如图 6-2 所示。

图 6-2

81

- 比例 ▢：在该下拉列表中可以选择一个约束选项。
- 清除 ▢：清除设置的长宽比值。
- 拉直 ▢：单击该按钮，可以通过在图像上绘制一条线来确定裁剪区域与裁剪框的旋转角度。
- 设置裁剪工具的叠加选项 ▢：单击该按钮，可以选择裁剪参考线的样式以及叠加方式。
- 设置其他裁剪选项 ▢：单击该按钮，可以打开用于设置其他裁剪选项的设置面板。其中，使用经典模式——裁剪方式将自动切换为以前版本的裁剪方式；显示裁剪区域——在裁剪图像的过程中，会显示被裁剪的区域；自动居中预览——在裁剪图像时，裁剪预览效果会始终显示在画布的中央；启用裁剪屏蔽——在裁剪图像的过程中查看被裁剪的区域；不透明度——设置在裁剪过程中或完成后被裁剪区域的不透明度。
- 删除裁剪的像素 ▢：如果勾选该复选框，裁剪结束时将删除被裁剪的图像；如果取消勾选该复选框，则将被裁剪的图像隐藏在画布之外。
- 内容识别 ▢：如果勾选该复选框，可用内容识别自动填充画面；如果取消勾选该复选框，则可自动对画面进行裁剪。

任务素材	素材文件 \ Ch06\ 6.1 家装图裁剪 \ 素材 01
选做素材	素材文件 \ Ch03\ 6.1 家装图裁剪 \ 选做素材 01 ～选做素材 03
微课讲堂	扫一扫 观看微课教学视频

扫码观看视频

❶ **打开素材文件**。打开文件"素材文件 \ Ch06\ 6.1家装图裁剪 \ 素材 01"，如图 6-3 所示。

❷ **裁剪图像**。在工具箱中选择【裁剪工具】，设置比例，可以自由调整裁剪框的大小，勾选"删除裁剪的像素"复选框，将图像裁剪成图 6-4 所示的效果，将主要的图像内容裁剪出来。

❸ **保存文件**。将文件另存为"家装图裁剪.jpg"，如图 6-5 所示。

图 6-3

图 6-4   图 6-5

使用技巧

【裁剪工具】的属性栏：①比例——可自由调整裁剪框的大小；②宽 × 高 × 分辨率——保持图像的宽度、高度和分辨率，可按照设置的尺寸裁剪图像；③原始比例——保持图像的原始长宽比例调整裁剪框；④预设长宽比——Photoshop 提供的预设长宽比；⑤新建裁剪预设——将当前的长宽比保存。

【微课讲堂】透视裁剪工具——金属奖牌

由于拍摄视角有问题，拍摄的奖牌、画框、书籍、高大建筑等图像通常会产生透视畸变，使用【透视裁剪工具】 就可以较好地解决这类问题。

任务素材	素材文件 \ Ch06\ 6.1 金属奖牌 \ 素材 01
选做素材	素材文件 \ Ch06\ 6.1 金属奖牌 \ 选做素材 01 ～选做素材 03
微课讲堂	扫一扫 观看微课教学视频

扫码观看视频

❶ **打开素材文件。** 打开文件"素材文件 \ Ch06\ 6.1 金属奖牌 \ 素材 01"，如图 6-6 所示。

❷ **裁剪图像。** 在工具箱中选择【透视裁剪工具】，在金属奖牌区域粗略绘制一个矩形，然后调整控制手柄，确定好裁剪区域，如图 6-7 所示，按【Enter】键确定裁剪，将斜面的金属奖牌裁剪成正面的图像。

图 6-6   图 6-7

❸ **保存文件。** 透视裁剪完成后将文件另存为"金属奖牌 .jpg"。

6.2 图像的修复

　　通常情况下，拍摄出的数码照片会有一点缺陷，使用 Photoshop 的修复图像工具可以轻松修复有缺陷的照片。修复图像工具包括【仿制图章工具】 ▲、【修复画笔工具】 ✎、【污点修复画笔工具】 ✎、【修补工具】 ✿、【内容感知移动工具】 ✄ 等，下面详细介绍这几个工具的使用方法。

【微课讲堂】仿制图章工具——修补背景

　　【仿制图章工具】用于将图像的一部分通过涂抹"复制"到图像的另一个位置上，其功能相当于"选区 + 复制"，常用于去除图片水印、消除人物面部的斑点和皱纹、去除背景中不相干的杂物、填补图片空缺等。选择【仿制图章工具】，按住【Alt】键进行取样，然后在其他位置拖动鼠标指针，即可将取样点的图像复制到新的位置。

　　【仿制图章工具】的属性栏与【画笔工具】的基本相同（【画笔工具】的属性栏详见项目 2），如图 6-8 所示，下面对不同的几个地方进行重点介绍。

| ▲ ⌄ | • ⌄ | ☑ ▣ | 模式: 正常 ⌄ | 不透明度: 100% ⌄ ✎ | 流量: 100% ⌄ ✎ ⌂ 0° | ☑ 对齐 | 样本: 当前和下方图层 ⌄ | ▣ ✎ |

图 6-8

- 切换仿制源面板 ▣ ：单击该按钮，可以打开"仿制源"面板。
- 对齐 ☑ 对齐 ：如果勾选该复选框，在复制的过程中松手也不影响复制的效果；如果取消勾选该复选框，则每次松手再重新绘制时都是从定义的源开始。
- 样本 样本: 当前和下方图层 ：用于选择从指定的图层中进行数据取样。当前图层——仅从当前图层中取样；当前和下方图层——可从当前图层到其下方的可见图层中取样；所有图层——可从所有可见图层中取样。

任务素材	素材文件 \ Ch06\ 6.2 修补背景 \ 素材 01
任务效果	实例文件 \ Ch06\ 6.2 修补背景
选做素材	素材文件 \ Ch06\ 6.2 修补背景 \ 选做素材 01 ～选做素材 02
微课讲堂	扫一扫
	观看微课教学视频

扫码观看视频

　　❶ **打开素材文件。**打开文件"素材文件 \ Ch06\ 6.2 修补背景 \ 素材 01"。在制作 Banner 时，背景图像常常不够宽，如果直接拉长图像会导致图像变形，这种情况下可使用【仿制图章工具】修补右边的区域，完善背景图像，如图 6-9 所示。

图 6-9

❷ **设置【仿制图章工具】**。在工具箱中选择【仿制图章工具】，在属性栏中设置大小为"150 像素"、画笔类型为"柔边圆"，勾选"对齐"复选框，如图 6-10 所示。

图 6-10

❸ **使用【仿制图章工具】延伸天空**。按住【Alt】键在天空处取样，到右边需要延伸的天空区域进行涂抹，反复多次，得到复制出的天空图像，如图 6-11 所示。

图 6-11

❹ **使用【仿制图章工具】延伸海水**。按住【Alt】键在附近的海水处取样，到右边需要延伸的海水区域进行涂抹，反复多次，得到复制出的海水图像，如图 6-12 所示。

图 6-12

❺ **继续完善并制作星光效果**。显示"星光"图层，制作星光效果，烘托氛围。

❻ **保存文件**。将文件另存为"修补背景 .psd"，如图 6-13 所示。

图 6-13

【微课讲堂】修复画笔工具——美化人像

【修复画笔工具】的用法和【仿制图章工具】的一样，图像取样在复制过程中将和周围的颜色进行融合，使修复的效果更加自然、逼真，常用于修复旧照片或有破损的图像。

任务素材	素材文件 \ Ch06\ 6.2 美化人像 \ 素材 01
任务效果	实例文件 \ Ch06\ 6.2 美化人像
选做素材	素材文件 \ Ch06\ 6.2 美化人像 \ 选做素材 01
微课讲堂	扫一扫
	观看微课教学视频

扫码观看视频

❶ **打开素材文件**。打开文件"素材文件 \ Ch06\ 6.2 美化人像 \ 素材 01"，如图 6-14 所示。

❷ **放大图像**。在工具箱中选择【缩放工具】，适当放大图像，并将人物的脸部移动到中心区域，以便看清脸部的皱纹，如图 6-15 所示。

❸ **设置【修复画笔工具】**。在工具箱中选择【修复画笔工具】，在属性栏中设置大小为"10 像素"、模式为"正常"、源为"取样"，如图 6-16 所示。

图 6-14

图 6-15

图 6-16

❹ **使用【修复画笔工具】**。将鼠标指针放在人物脸部皮肤较好的区域，按住【Alt】键，单击进行取样，如图 6-17 所示，然后在眼底和眼角的皱纹以及瑕疵处进行涂抹，可以多次取样、多次涂抹，使效果更加自然，如图 6-18 所示。

图 6-17

图 6-18

❺ **保存文件。**修复完成后将文件另存为"美化人像.jpg"，效果如图 6-19 所示。

图 6-19

【微课讲堂】污点修复画笔工具——画面修复

使用【污点修复画笔工具】可以快速地修复照片中的污点或快速修补图像中的残缺画面。【污点修复画笔工具】不需要设置取样点，它会自动从所修饰区域的周围进行取样。选择工具箱中的【污点修复画笔工具】，在污点处单击即可修复，其属性栏如图 6-20 所示。

图 6-20

- 类型：用于设置修复的方法。内容识别——使用选区周围的像素进行修复，创建纹理——使用选区中的所有像素创建一个用于修复该区域的纹理，近似匹配——使用选区边缘周围的像素来查找要用作选定区域修补的图像区域。

任务素材	素材文件 \ Ch06\ 6.2 画面修复 \ 素材 01
任务效果	实例文件 \ Ch06\ 6.2 画面修复
选做素材	素材文件 \ Ch06\ 6.2 画面修复 \ 选做素材 01 ～ 选做素材 02
微课讲堂	扫一扫
	观看微课教学视频

扫码观看视频

❶ **打开素材文件。**打开文件"素材文件 \ Ch06\ 6.2 画面修复 \ 素材 01"。

❷ **放大图像。**在工具箱中选择【缩放工具】，适当放大图像，并将需要修复的地砖区域移动到中心位置，如图 6-21 所示。

❸ **设置【污点修复画笔工具】。**在工具箱中选择【污点修复画笔工具】，在属性栏中设置大小为"10 像素"、模式为"正常"、类型为"内容识别"，如图 6-22 所示。

图 6-21

❹ **使用【污点修复画笔工具】。**涂抹残缺的画面，如图 6-23 所示。有的图像有可能修复后边缘变模糊。

❺ **继续使用【污点修复画笔工具】。**用同样的方法处理画面两边多余的树枝，使图像更干净、整洁，如图 6-24 所示。

❻ **保存文件。**将文件另存为"画面修复.jpg"。

图 6-22

图 6-23

图 6-24

【微课讲堂】修补工具——清除桌面杂物

【修补工具】用于通过样本或图案来修复所选图像区域中不理想的部分。选择【修补工具】，在图像中需要修补的部分绘制选区，然后将选区移动到干净的区域，重复操作直至图像完全干净。其属性栏如图 6-25 所示。

图 6-25

修补：包含"正常"和"内容识别"两种方式。

正常：创建选区以后，明确选择源和目标的用法，选择"源"，把有瑕疵的地方圈选并将其拖曳到好的地方，释放鼠标左键就会修补原来选中的内容；选择"目标"，则把好的地方圈选并将其拖到有瑕疵的地方。

内容识别：选择这种修补方式以后，可以调整"结构"和"颜色"的数值。

结构：可以理解为羽化，值越大边缘变色的范围越小，值越小边缘变色的范围越大。

颜色：和周围的融合程度，值越大融合程度越大。

任务素材	素材文件 \ Ch06\ 6.2 清除桌面杂物 \ 素材 01
任务效果	实例文件 \ Ch06\ 6.2 清除桌面杂物
选做素材	素材文件 \ Ch06\ 6.2 清除桌面杂物 \ 选做素材 01
微课讲堂	扫一扫
	观看微课教学视频

扫码观看视频

❶ 打开素材文件。打开文件"素材文件 \Ch06\6.2 清除桌面杂物 \ 素材 01"。

❷ 放大图像。在工具箱中选择【缩放工具】，适当放大图像，并将桌面移动到中心区域。

❸ 设置【修补工具】。在工具箱中选择【修补工具】，在属性栏中设置选区的修补方式为"新选区"（去除旧选区，绘制新选区）、修补为"正常"，选择"源"，如图 6-26 所示。

图 6-26

❹ 使用【修补工具】。把有瑕疵的地方圈选并将其拖到好的地方。桌面干净区域小，可以通过多次修补来清除桌面的杂物，如图 6-27 所示。

❺ **保存文件。** 杂物清除完的效果如图 6-28 所示，将文件另存为"清除桌面杂物 .jpg"。

图 6-27　　　　　　　　　　　　　　　　　图 6-28

使用技巧

- 【修补工具】将选择的图像中的某一块像素搬过来，不是随机搬运。
- 【污点修复画笔工具】通过内容识别的算法，将随机搬运的像素拼凑在一起，可能会使图像变模糊或者破坏图像的纹理。
- 【污点修复画笔工具】的修复效率高，特别适合影楼进行照片精修。
- 各工具有相似之处，在某些方向各有特点，可根据画面特点灵活选择。

【微课讲堂】内容感知移动工具——园林景观

【内容感知移动工具】用于将选中的对象移动或复制到图像的其他位置，实现图像大小调整、背景重新整合等，其属性栏如图 6-29 所示。

图 6-29

- 模式：包含"移动"和"扩展"两种模式。移动，即移动功能，用【内容感知移动工具】创建选区以后，将选区移动到其他位置，可以将选区中的图像移动到新位置，并用选区中的图像填充该位置。扩展，即复制功能，用【内容感知移动工具】创建选区以后，将选区移动到其他位置，可以将选区中的图像复制到新位置。
- 结构：可以理解为羽化，值越大边缘变色的范围越小，值越小边缘变色的范围越大。
- 颜色：和周围的融合程度，值越大融合程度越大。

任务素材	素材文件 \ Ch06\ 6.2 园林景观 \ 素材 01
任务效果	实例文件 \ Ch06\ 6.2 园林景观
选做素材	素材文件 \ Ch06\ 6.2 园林景观 \ 选做素材 01 ～选做素材 02
微课讲堂	扫一扫
	观看微课教学视频

扫码观看视频

❶ **打开素材文件。** 打开文件"素材文件 \ Ch06\6.2 园林景观 \ 素材 01"。

❷ **放大图像。** 在工具箱中选择【缩放工具】，适当放大图像，并将左下角的植物移动到中心区域。

❸ **设置【内容感知移动工具】。** 在工具箱中选择【内容感知移动工具】，在属性栏中设置模式为"扩展"、结构为"2"，如图 6-30 所示。

说明　选择"移动"，则源目标消失，植物移动到新的位置；选择"扩展"，则源目标仍存在，植物复制一份到新的位置。

图 6-30

❹ **使用【内容感知移动工具】。** 将鼠标指针定位在植物的边缘，沿着边缘绘制选区，如图 6-31 所示。绘制完成后拖曳鼠标，将复制出来的新植物移动到图像的适当位置，如图 6-32 所示。

图 6-31

图 6-32

❺ **保存文件。** 使用【内容感知移动工具】对图像中的植物进行扩展，如图 6-33 所示，将文件另存为"园林景观.jpg"。

图 6-33

【创意设计】网站设计——金多利装饰网站

网站是信息传播的媒体，也是企业对外宣传的形象窗口之一。根据装饰公司希望向用户传递的信息，如文化、理念、服务、产品等内容，我们需要合理进行网页布局和板块设计，公司名称和 Logo 需要放在网页左上角的醒目位置，公司宣传口号和联系方式也可以放在网页顶部，网页背景色调和素材可以与装饰工作相呼应。网站首页内容从上往下可以划分为 Logo、口号、导航栏、版头主图、内容板块和版权信息，内容板块从左往右可以划分为企业新闻、工装案例、家装案例、主要工程、金多利客户名录和荣誉奖章，通过图文混排的方式实现网页设计，且网站整体风格统一，如图 6-34 所示。

> **项目素材**　素材文件＼Ch06＼6.2 金多利装饰网站＼素材 01～素材 21
> **项目效果**　实例文件＼Ch06＼6.2 金多利装饰网站

图 6-34

【设计背景】

创新能力是指一个人不断提供具有价值的新内容的能力。作为当代大学生，应该身体力行，在实际生活中不断优化思维方式，提升实践能力。数媒 3 班的班主任为了挖掘学生的潜力，培养学生的创新意识，激发学生的创造积极性，在课上鼓励学生收集资料、整合信息，进行网站设计。

【创想火花】

❶ 背景设计：用与装饰相关的墙砖图案和浅褐色叠加制作背景，与装饰公司业务发展方向相呼应。

❷ 导航设计：简约清晰，能帮助用户快速地找到所需的按钮，且导航底色与背景颜色同色系，网站整体风格统一。

❸ 栏目设计：板块划分明确、层级清晰、排版有条理、内容丰富。

【应用工具】

❶ 修复图像工具；❷ 形状工具；❸ 文字工具。

【操作步骤】

❶ **新建文件。**新建一个宽为"1024 像素"、高为"827 像素"、颜色模式为"RGB 颜色"、背景内容为"白色"的图像文件，名称设置为"首页设计——金多利装饰网站"。

❷ **制作背景。**新建图层组并命名为"背景"，将"素材 01"～"素材 03"置入页面，适当调整位置，如图 6-35 所示。

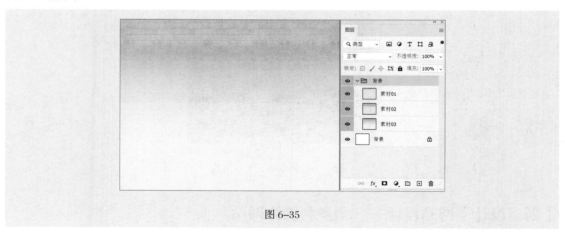

图 6-35

❸ **制作 Logo。**新建图层组并命名为"LOGO"，在页面的顶部制作金多利装饰公司的 Logo 和口号，并将"素材 04"置入页面，如图 6-36 所示。

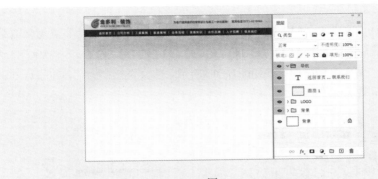

图 6-36

❹ **制作导航栏**。新建图层组并命名为"导航"，新建图层并绘制一个颜色为"#4c3c29"的矩形，然后使用文字工具添加导航内容，如图 6-37 所示。

图 6-37

❺ **制作版头主图**。新建图层组并命名为"版头主图"，新建图层并绘制一个填充颜色为"#fef3e5"、描边大小为"5 像素"、描边颜色为"#4c3c29"的矩形区域，将版头主图的"素材 05"～"素材 07"置入页面。参考"【微课讲堂】仿制图章工具——修补背景"进行制作，版头主图的最终效果如图 6-38 所示。

❻ **将栏目模块置入页面并调整页面布局**。按快捷键【Ctrl+O】，打开素材文件中的"素材 08"～"素材 21"，将图像置入页面。再将前期完成的"家装图裁剪 .jpg""金属奖牌 .jpg""修补背景 .jpg""园林景观 .jpg""画面修复 .jpg""清除桌面杂物 .jpg""美化人像"置入页面，并以参考线为辅助，调整好页面布局，如图 6-39 所示。

图 6-38

图 6-39

❼ **网页切图**。在工具箱中选择【切片工具】 ✎ ，在属性栏中设置样式为"正常"，在图像中按 Logo、口号、导航栏、版头主图、企业新闻、工装案例、家装案例、主要工程、金多利客户名录和荣誉奖章来分块切片，如图 6-40 所示。

❽ **保存文件**。选择【文件】-【导出】-【存储为 Web 所用格式】命令，将图像缩小到原大小的 50%，选择【切片选择工具】 ✎ ，选中所有图像，选择"JPEG"，品质设为"100"，如图 6-41 所示，将格式设置为"HTML 和图像"，如图 6-42 所示。将文件另存为"首页设计——金多利装饰网站 .psd"，效果如图 6-43 所示。

92

图 6-40

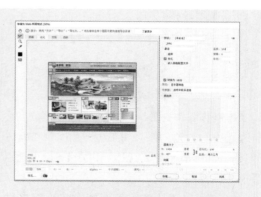

图 6-41

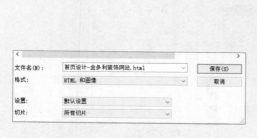

图 6-42

图 6-43

企业网站通常包含以下几个模块。

❶ 首页：作为公司情况的整体概述，要给客户良好的第一印象，因此要突出企业的重点信息，主要包含 Banner、企业新闻、产品展示、联系方式等信息。

❷ 产品：公司自主产品展示板块，装饰公司可以展示出色的家装案例。

❸ 解决方案：公司项目的展示窗口，帮助客户了解公司项目的解决思维，展示经典案例供客户参考。

❹ 关于公司：包含新闻中心、公司概况、企业文化和企业招聘。新闻中心可以采用动态网页技术，链接产品的信息数据库，保证产品信息的及时更新和维护；公司概况可以帮助客户快速、清晰地了解公司整体的基本情况。

❺ 支持服务：客户可以通过网站平台联系企业获取更多的服务和支持。

问题与思考

1. 企业建设网站最大的好处是什么？网站设计原则有哪些？

2. 怎么使网站产品模块更引人注目？

【思维拓展】专题网站列表页、内容页和新首页的设计

1. 在保持金多利装饰网站首页设计风格的基础上，用 Photoshop 完成该网站列表页和内容页的设计。

2. 改变金多利装饰网站首页的排版布局，设计并制作一个新的首页。

6.3   课后实践

【项目设计】格力电器企业网站设计

为格力电器公司制作"格力电器企业网站"，要求风格统一、内容丰富、重点突出。在 Photoshop 课程结束前两周，以项目小组为单位提交作业。

【设计要求】

1. 为格力电器公司制作网站，规划好网站栏目、功能区布局等。（10 分）

2. 要求网页设计从需求性、主题配色、版面布局、栏目规划和图文运用等方面，更好地突出网页内容的特点和企业产品特点，有效宣传产品，增加销售额。（30 分）

3. 用 Photoshop 完成 3 个页面的设计：首页（一级页面）、列表页（二级页面）、内容页（三级页面）。（40 分）

4. 在 Photoshop 中做好网页切片，提交 3 类文件：素材文件、PSD 格式的源文件和切片文件。（15 分）

5. 提交具体项目小组人员名单和项目分工，将文件命名为"班级项目小组 – 主题名称"，如 2101 出色项目组 – 格力电器企业网站。（5 分）

07 ——————

调整图像的色彩和色调

知识目标

● 了解直方图的原理；

● 掌握图像明暗调整的方法和技巧；

● 掌握图像色彩调整的方法和技巧；

● 掌握图像特殊颜色调整的方法和技巧。

能力目标

● 能使用【色阶】和【曲线】命令调整图像效果；

● 能使用【色相／饱和度】、【色彩平衡】命令调整图像效果；

● 能使用【色调分离】、【阈值】命令调整图像效果；

● 能灵活运用所学工具和命令进行装饰画设计。

素养目标

以装饰画设计——印象山水、意境山水为载体，领略祖国壮美河山，感受中华璀璨文化，培养爱国情怀与创新精神。

【项目引入】装饰画设计——印象山水、意境山水

装饰画既能装饰空间又能营造氛围，为工作和生活的空间增添个性和文化内涵。它在室内壁画、公共场所的装饰艺术品、室内家居产品等装饰艺术领域都有广泛应用。

装饰画设计注重艺术与技术的统一，强调在色彩把控和设计美感的基础上体现出创意性。调整图像的色彩和色调是 Photoshop 的强项，运用调色命令可以为图像调整出不同的视觉效果，调整图像的色彩和色调为图像后期处理的重要环节。本项目通过印象山水、意境山水装饰画的设计与制作，如图 7-1、图 7-2 所示，帮助读者掌握对图像的亮度、对比度、色相及饱和度的调节，掌握调整图像色彩和色调的方法和技巧。

图 7-1 　　　　　　　　　　　　　　图 7-2

【相关知识】

7.1　直方图

直方图可以直观显示摄影照片中图像的像素分布情况，直方图从 0～255 都有像素分布，叫全色阶，如图 7-3 所示。直方图的横坐标表示亮度值，左边暗，右边亮；纵坐标为图像像素值。若图像具有全色阶的直方图，可不对图像进行调整。

图 7-3

【微课讲堂】直方图——认识直方图

通过直方图来判断照片的曝光情况，可以快速了解图像中人眼无法看到的色彩问题，拓展修图的空间。

任务素材　素材文件 \ Ch07\ 7.1 认识直方图 \ 素材 A1～素材 A3
选做素材　素材文件 \ Ch07\ 7.1 认识直方图 \ 选做素材 A1～选做素材 A2
微课讲堂　扫一扫
　　　　　　观看微课教学视频

扫码观看视频

❶ **打开直方图。** 打开文件"素材文件 \ Ch07\ 7.1 直方图 \ 素材 A1"，在菜单栏中选择【窗口】-【直方图】-【扩展视图】命令，在"直方图"面板中设置通道为"明度"，如图 7-4 所示。

❷ **若图像具有全色阶的直方图，可不对图像进行调整。** 从图 7-4 可见，横坐标从 0 到 255 都有

像素分布，满足全色阶的条件。

图 7-4

❸ 出现"高柱子"的直方图，不能通过调色命令调整出细节。打开文件"素材文件 \ Ch07\ 7.1 认识直方图 \ 素材 A2"，其直方图如图 7-5 所示。直方图的最左边或者最右边如果出现到顶的"高柱子"，图像的画面则出现死黑或者惨白的区域，这一块图像区域缺少的细节不能通过调色命令调整出来。

图 7-5

❹ 若直方图不满足全色阶的条件，照片会发灰。打开文件"素材文件 \ Ch07\ 7.1 认识直方图 \ 素材 A3"，其直方图如图 7-6 所示。直方图的最左边色阶 0...6 的区域，数量值为 63，像素非常少；最右边色阶 215...255 的区域，数量值为 0，没有像素。如果直方图的最左边或者最右边没有像素或者像素非常少，没有满足全色阶的条件，则照片会发灰。而单个通道也应该满足全色阶的条件，可以通过删除两边没有像素或像素非常少的区域快速调整图像的色彩和色调。

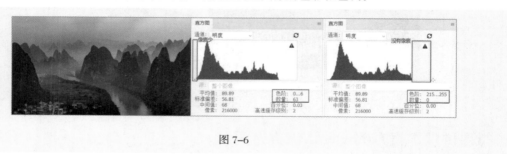

图 7-6

7.2 图像明暗的调整

Photoshop 提供了亮度 / 对比度、色阶、曲线、曝光度、阴影 / 高光等多个用于调整图像明暗的命令。使用这些命令，可将明暗表现不好的图像调整为清晰、明亮、对比强烈的图像，如图 7-7 所示。

图像色调的调整，也可以通过某个单独的通道进行调整，实现色调氛围的调整，使图像偏向某种颜色，如图 7-8 所示。

图 7-7

图 7-8

亮度 / 对比度的调整，调整图像的亮度和对比度，设置的参数值越大，图像越明亮，对比度也越强烈，如图 7-9 所示。

图 7-9

曝光度的调整，调整图像的曝光效果，如图 7-10 所示。

图 7-10

阴影 / 高光的调整，调整图像的阴影和高光部分，修复图像中过亮或过暗的区域，如图 7-11 所示。

图 7-11

【微课讲堂】色阶三滑块调整——桂林山水

【色阶】命令通过加强明暗对比来调整图像的色彩和色调，通过调整输入色阶的 3 个滑块，可快速调整图像的明暗对比度，如图 7-12 所示。将左边的黑色滑块向右移动，会让阴影区域暗的地方更暗；将右边的白色滑块向左移动，会让高光区域亮的地方更亮；中间的灰色滑块是中间调，向左变亮，向右变暗。

图 7-12

任务素材	素材文件 \ Ch07 \ 7.2 桂林山水 \ 素材 B1
任务效果	实例文件 \ Ch07 \ 7.2 桂林山水
选做素材	素材文件 \ Ch07 \ 7.2 桂林山水 \ 选做素材 B1 ～选做素材 B3
微课讲堂	扫一扫 观看微课教学视频

扫码观看视频

❶ **打开文件并观察直方图。** 打开文件"素材文件 \ Ch07 \ 7.2 桂林山水 \ 素材 B1"，如图 7-13 所示。从直方图可见，两边存在像素非常少或没有像素的区域，没有满足全色阶的条件，图像的画面是偏灰的。

图 7-13

❷ **打开"色阶"对话框。**在菜单栏中选择【图像】-【调整】-【色阶】命令，或者按快捷键【Ctrl+L】，打开"色阶"对话框，如图 7-14 所示。

图 7-14

❸ **调整色阶。**拖动输入色阶的黑色滑块和白色滑块，可以把两边没有像素或者像素非常少的区域直接删除。对色阶的"红"通道进行调整，将白色滑块向左移动到有像素的区域，删除无像素区域，完成此通道全色阶的调整，如图 7-15 所示。

图 7-15

❹ **将其余通道调整为全色阶。**按照步骤 ❸ 分别对色阶的"绿"通道"蓝"通道和"RGB"通道进行调整，完成图像全色阶的调整，实现图像的去灰，如图 7-16 所示。最后调整"RGB"通道的灰色滑块，提高图像的亮度。

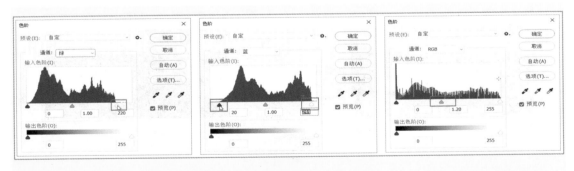

图 7-16

❺ **对比调整前和调整后的图像。**通过色阶的调整，可以快速地将灰暗的图像调整为清晰、明亮、对比强烈的图像，如图 7-17 所示。

图 7-17

❻ **完成图像色调氛围的调整。** 通过调整某个单独的通道，可以实现色调氛围的调整，使图像偏向某种颜色。调整"蓝"通道，让图像偏向蓝色，如图 7-18 所示。

图 7-18

❼ **保存文件。** 将文件保存为"桂林山水 .jpg"。

【微课讲堂】色阶三吸管调整——幽静江畔

色阶三吸管工具用于快速定义黑场、灰场、白场，调整图像的明暗对比度，或者快速矫正偏色的图像。选择【黑色吸管工具】，在图像中单击取样，则将单击处的像素作为纯黑设置成黑场，图像中暗于单击处的所有像素都变为黑色，如图 7-19 所示。

图 7-19

选择【白色吸管工具】，在图像中单击取样，则将单击处的像素作为纯白设置成白场，图像中亮于单击处的所有像素都会变为白色，如图 7-20 所示。

选择【灰色吸管工具】，在图像中本来没有颜色的地方单击取样，设置灰场，可以快速矫正图像的偏色效果，如图 7-21 所示。

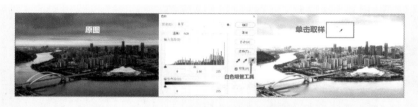

图 7-20

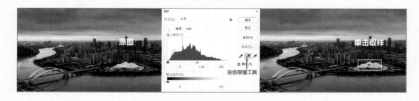

图 7-21

任务素材　素材文件 \ Ch07\ 7.2 幽静江畔 \ 素材 B2

任务效果　实例文件 \ Ch07\ 7.2 幽静江畔

选做素材　素材文件 \ Ch07\ 7.2 幽静江畔 \ 选做素材 B3 ～选做素材 B4

微课讲堂　扫一扫
　　　　　　观看微课教学视频

扫码观看视频

❶ **打开文件并观察直方图。**打开文件"素材
文件 \Ch07\7.2 幽静江畔 \ 素材 B2",如图 7-22
所示。从直方图可见,两边存在像素非常少或没
有像素的区域,没有满足全色阶的条件,图像的
画面是偏灰暗的。

❷ **打开"色阶"对话框。**在菜单栏中选择【图
像】-【调整】-【色阶】命令,或者按快捷键
【Ctrl+L】,打开"色阶"对话框。

图 7-22

❸ **调整色阶。**使用【白色吸管工具】对图像中纯白色的地方进行取样,快速矫正图像的偏色效
果,如图 7-23 所示。

图 7-23

❹ 提高图像的对比度。调整输入色阶的灰色滑块，提高图像的对比度，如图 7-24 所示。

图 7-24

❺ 保存文件。将文件保存为"幽静江畔.jpg"。

【微课讲堂】曲线——梯田

可以通过调整图像色彩曲线上的点来改变图像的明暗度和色调，还可以单独编辑颜色通道来更改画面整体的色调，如图 7-25 所示。

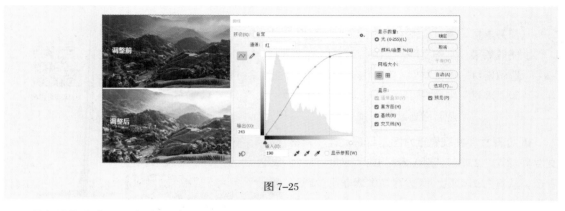

图 7-25

【色阶】命令和【曲线】命令的区别是【曲线】命令可以增加多个点来灵活调整图像的色彩和色调，但是用【曲线】命令提亮画面时有增强对比的特点，亮的区域会更亮、暗的区域会更暗，如图 7-26 所示。

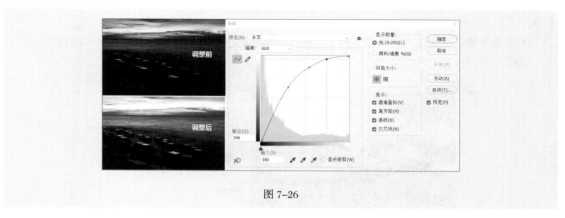

图 7-26

用【色阶】命令提亮画面时，对图像中暗的区域和亮的区域的提亮程度都一样，需要专门提亮图像中暗的区域时，【色阶】命令优于【曲线】命令，如图 7-27 所示。

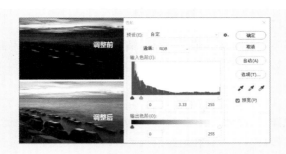

图 7-27

任务素材 素材文件 \ Ch07\ 7.2 梯田 \ 素材 B3
任务效果 实例文件 \ Ch07\ 7.2 梯田
选做素材 素材文件 \ Ch07\ 7.2 梯田 \ 选做素材 B5

❶ **打开文件**。打开文件"素材文件 \ Ch07\ 7.2 梯田 \ 素材 B3",如图 7-28 所示。

❷ **打开"曲线"对话框**。在菜单栏中选择【图像】-【调整】-【曲线】命令,或者按快捷键【Ctrl+M】,打开"曲线"对话框。

❸ **提亮图像**。在曲线上添加多个点。向上拖曳曲线上的点,图像变亮;向下拖曳曲线上的点,图像变暗。这里提亮图像,如图 7-29 所示。

103

图 7-28

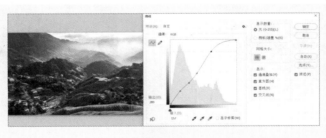

图 7-29

❹ **更改色调**。在"曲线"对话框中通过单独调整各颜色通道的曲线,能够更改图像的色调。选择"蓝"通道,调整曲线后图像中的蓝色调被增强,如图 7-30 所示。

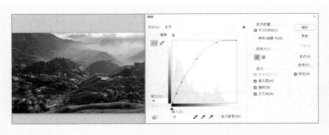

图 7-30

【创意设计】装饰画设计——印象山水

装饰画可以通过画面传达出想要传递的信息、情感、文化等，是现代装修中非常常见的元素，是营造氛围的点睛之笔，如图 7-31 所示。通过本创意设计的学习，读者可以掌握灵活调整图像色调的方法和技巧。

项目素材	素材文件 \ Ch07\ 7.2 印象山水 \ 素材 01 ～素材 04
项目效果	实例文件 \ Ch07\ 7.2 印象山水

【应用工具】

❶【色阶】命令；❷ "调整"面板；❸【钢笔工具】；❹ 形状工具。

【操作步骤】

1. 调整图像的色彩和色调

❶ **打开文件和"色阶"对话框。** 打开文件"素材文件 \ Ch07\ 7.2 印象山水 \ 素材 01"，在菜单栏中选择【图像】-【调整】-【色阶】命令，打开"色阶"对话框，矫正图像的偏色效果，如图 7-32 所示。

❷ **分别将各通道调整为全色阶。** 分别对色阶的"红"通道、"绿"通道、"蓝"通道和"RGB"通道进行调整，删除输入色阶两边没有

图 7-31

像素或像素非常少的区域，将图像调整为全色阶，并调整"RGB"通道的灰色滑块以提高图像的亮度，如图 7-33 所示。

图 7-32

图 7-33

❸ **用修复图像工具调整水面。** 选择工具箱中的【修补工具】，把湖面变开阔。

❹ **用"调整工具"面板进行调色。** 在菜单栏中选择【窗口】-【调整】命令，打开"调整"面板，单击【创建新的黑白调整图层】按钮，勾选"色调"复选框并选择灰蓝色（#8ca7b9），适当调整各颜色值，使图像偏向水墨风格的色调，如图 7-34 所示。

图 7-34

2．近景画面处理

❶ 增加近景层次感。选择工具箱中的【钢笔工具】，把近景勾勒出来，载入选区后，按快捷键【Ctrl+J】复制出新图层，并把新的近景图层移至顶层，如图 7-35 所示。

图 7-35

❷ 调整水墨风格的色调。单击【创建新的黑白调整图层】按钮，勾选"色调"复选框并选择青蓝色（#206a9b），适当调整各颜色值，使图像偏向青蓝色调的水墨风格，如图 7-36 所示。

图 7-36

❸ 绘制太阳和置入渔船。选择工具箱中的【椭圆工具】，绘制太阳，置入渔船并调整大小和位置，如图 7-37 所示。

❹ 置入群鸟。创建图层组并命名为"群鸟组"，置入群鸟，群鸟的整体造型不够美观，复制单独的小鸟修整群鸟造型，如图 7-38 所示。

图 7-37

图 7-38

❺ 保存文件。将文件保存为"印象山水 .psd"。

❻ 制作装饰画效果。创建剪贴蒙版，将"印象山水"装到画框中，如图 7-39、图 7-40 所示。

图 7-39   图 7-40

7.3　图像色彩的调整

　　【色相 / 饱和度】、【色彩平衡】等命令用于图像色彩的调整，使彩色图像拥有更丰富的色彩层次和对比效果，让画面视觉效果更立体、更漂亮。

【微课讲堂】色相 / 饱和度——红叶知秋

　　色彩的三要素包括色相、饱和度和明度。

　　全图和各通道：用于选择要调整的色彩范围，可以通过拖曳滑块来调整图像的色相、饱和度和明度，但过度提高饱和度的时候，会出现饱和度溢出的结块现象，如图 7-41 所示。

　　着色：用于为灰度模式的黑白图像添加颜色效果，使其变为彩色图像。

图 7-41

任务素材	素材文件 \ Ch07\ 7.3 红叶知秋 \ 素材 C1
任务效果	实例文件 \ Ch07\ 7.3 红叶知秋
选做素材	素材文件 \ Ch07\ 7.3 红叶知秋 \ 选做素材 C1 ～选做素材 C4
微课讲堂	扫一扫
	观看微课教学视频

扫码观看视频

　　❶ 打开文件。打开文件"素材文件 \ Ch07\ 7.3 红叶知秋 \ 素材 C1"，如图 7-42 所示，将图像调整成红叶效果，如图 7-43 所示。

　　❷ 打开"色相 / 饱和度"对话框。在菜单栏中选择【图像】-【调整】-【色相 / 饱和度】命令，或者按快捷键【Ctrl+U】，打开"色相 / 饱和度"对话框。

　　❸ 调整岸边的红叶。单击图像的红叶部分，能快速确定红叶图像区域的通道，再调整色相、饱和度和明度的滑块，改变叶子的颜色，如图 7-44 所示。

图 7-42   图 7-43

图 7-44

❹ **调整岸边的黄叶。** 单击图像的黄叶部分确定通道，将黄色调成橙红相间、具有变化的颜色，如图 7-45 所示。

图 7-45

❺ **加深颜色。** 如果想要让红叶的颜色更浓烈些，改变色相、饱和度的数值即可，如图 7-46 所示。

图 7-46

❻ **保存文件。**将文件保存为"红叶知秋 .jpg"。

【微课讲堂】色彩平衡——湖光山色

色彩平衡的调整原理就是增加或减少其对比色来消除画面偏色，所以洋红色、黄色、青色这 3 种间色就是用来和红色、绿色、蓝色 3 种原色互相搭配调整的，如图 7-47 所示，从而形成丰富的色彩变化，如图 7-48 所示。

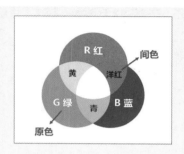

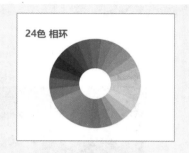

图 7-47   图 7-48

【色彩平衡】命令用于控制图像的颜色分布，使图像达到色彩平衡的效果，是 Photoshop 中的一个重要命令。通过对图像进行色彩平衡处理，可以矫正图像偏色，解决过度饱和或饱和度不足的问题，也可以根据自己的喜好和制作需要，调制需要的色彩，使彩色图像拥有丰富的对比效果和色彩层次，如图 7-49 所示。

图 7-49

色调平衡里有"阴影""高光""中间调"3 个选项，可以分 3 个明度等级调整色彩平衡，"阴影"是画面中最暗的部分，"中间调"是画面中颜色相对中和的部分，"高光"是画面中最亮的部分。

任务素材	素材文件 \ Ch07\ 7.3 湖光山色 \ 素材 D1
任务效果	实例文件 \ Ch07\ 7.3 湖光山色
选做素材	素材文件 \ Ch07\ 7.3 湖光山色 \ 选做素材 D1 ～选做素材 D3
微课讲堂	扫一扫
	观看微课教学视频

扫码观看视频

❶ **打开文件。**打开文件"素材文件 \ Ch07\ 7.3 湖光山色 \ 素材 D1"，如图 7-50 所示，将图像的色调调整得更艳丽，如图 7-51 所示。

图 7-50　　　　　　　　　　　　　　　　　　图 7-51

❷ **打开"色彩平衡"对话框。**在菜单栏中选择【图像】-【调整】-【色彩平衡】命令，或者按快捷键【Ctrl+B】，打开"色彩平衡"对话框。

❸ **调整色调。**在调整风景图像的色调时，可以遵循偏什么色调就加深什么色彩的原则。选择"中间调"，在图像中间调区域进行取色。如在中间调区域取橙黄色（属于暖色调），则加深红色、洋红色和黄色，如图 7-52 所示。

图 7-52

❹ **继续调整色调。**选择"阴影"，在图像中暗部区域进行取色。如在暗部区域取青蓝色（属于冷色调），则加深青色、绿色和蓝色，如图 7-53 所示。

图 7-53

❺ **保存文件。**将文件保存为"湖光山色 .jpg"。

7.4　图像的特殊颜色调整

【色调分离】、【阈值】、【反相】、【去色】和【渐变映射】等命令用于对图像的特殊颜色进行处理，制作出更具艺术性的画面效果。

【微课讲堂】色调分离——山河图

【色调分离】命令用于减少图像中的灰度，将图像中的色调进行分离，色阶的数值越大，图像产生的变化越小，如图 7-54 所示。

图 7-54

任务素材　素材文件 \ Ch07\ 7.4 山河图 \ 素材 E1
任务效果　实例文件 \ Ch07\ 7.4 山河图

❶ **打开文件**。打开文件"素材文件 \ Ch07\ 7.4 山河图 \ 素材 E1"，如图 7-55 所示。

❷ **打开"色调分离"对话框**。在菜单栏中选择【图像】-【调整】-【色调分离】命令，弹出"色调分离"对话框，如图 7-56 所示。通过调整色阶的数值调节阴影效果。

❸ **分离山河图**。选择工具箱中的【钢笔工具】，把山绘制出来，载入选区后删除其他的图像，如图 7-57 所示。

图 7-55

图 7-56

图 7-57

❹ **保存文件。**将文件保存为"山河图 .png"。

【微课讲堂】阈值——巍峨山峦

　　【阈值】命令用于提高图像色调的反差度,可将灰度图像或彩色图像转换为高对比度的黑白图像。应用【阈值】命令调整图像时,可指定某个色阶作为阈值,所有比阈值亮的像素将转换为白色,而所有比阈值暗的像素将转换为黑色,如图 7-58 所示。

> **任务素材**　素材文件 \ Ch07\ 7.4 巍峨山峦 \ 素材 E2
> **任务效果**　实例文件 \ Ch07\ 7.4 巍峨山峦

　　❶ **打开文件并复制图层。**打开文件"素材文件 \ Ch07\ 7.4 巍峨山峦 \ 素材 E2",如图 7-59 所示。按快捷键【Ctrl+J】复制图层。

图 7-58　　　　　　　　　　　　　　　　图 7-59

　　❷ **打开"阈值"对话框。**在菜单栏中选择【图像】-【调整】-【阈值】命令,打开"阈值"对话框,拖动阈值色阶的滑块调整画面效果,如图 7-60 所示。

图 7-60

　　❸ **擦除图像。**选择工具箱中的【魔术橡皮擦工具】 ,把白色的背景擦除,再选择【橡皮擦工具】 ,把其他不需要的边缘擦除,如图 7-61 所示。

图 7-61

❹ **设置图层的混合模式。** 设置不同的图层混合模式，可以得到不同的山峰效果，这里将图层的混合模式设为"柔光"，如图 7-62 所示。

图 7-62

❺ **用"调整"面板进行调色。** 在菜单栏中选择【窗口】-【调整】命令，打开"调整"面板，单击【创建新的曲线调整图层】按钮，将图像提亮，参数设置如图 7-63 所示。

图 7-63

❻ **制作层次丰富的山峰效果。** 如果需要制作更多的层次丰富的山峰效果，继续使用【阈值】命令处理即可。

❼ **保存文件。** 将文件保存为"巍峨山峦 .psd"。

【创意设计】装饰画设计——意境山水

包含传统文化元素的装饰画不仅弘扬了中华民族文化，将层峦叠嶂的自然风光与诗情画意的中华传统美学融为一体，也让我们的家里和办公场所更具有浓厚的文化氛围。在装饰画的创新与发展上，可探索更多的系列产品。现代简约系列装饰画适合追求简单时尚而又不失品质的年轻人，让他们在这个生活频率逐渐加快的城市里，找到一片宁静的"心灵麦田"；中式系列装饰画能让喜欢清新淡雅生活环境的人群倍感舒适，如图 7-64 所示。

图 7-64

项目素材	素材文件 \ Ch07\ 7.4 意境山水 \ 素材 E1 ～素材 E12
项目效果	实例文件 \ Ch07\ 7.4 意境山水
选做素材	素材文件 \ Ch07\ 7.4 意境山水 \ 选做素材 E1 ～选做素材 E4

【设计背景】

为了领略祖国壮美河山，感受中华璀璨文化，培养爱我中华的自豪感，树立新时代青年的爱国情怀和人生理想，以及勇担时代使命的创新精神，学校举办了"游壮美河山 品中华经典""唐诗中的旅游""宋词中的旅游"等主题活动。数媒 3 班的创意设计小组在参加主题活动后，决定制作以传统文化为主题的装饰画。小组讨论了如何在装饰画设计中，从新材料、新工艺和设计细节上呈现中华壮美河山的设计效果。

【创想火花】

❶ 节奏和韵律：构图中的节奏和韵律可通过组合、渐次、交错、起伏等手段进行表现，突出画面的灵动性。

❷ 构图主次性：考虑在构图安排上的主次性，将主体元素放在画面中心位置，放大主体元素、细致刻画主体元素、使其色彩对比强烈和鲜明，非主体元素则弱化处理。

【应用工具】

❶ 图层的混合模式；❷ 形状工具；❸ 图层样式；❹ 蒙版；❺ 调色命令。

【操作步骤】

1.意境山水——冷调制作

❶ 新建文件。按快捷键【Ctrl+N】新建文件，其中宽度为"1200 像素"，高度为"600 像素"，分辨率为"150 像素 / 英寸"，颜色模式为"RGB 颜色"。

❷ 置入巍峨山峦图并创建颜色填充图层。新建图层组并命名为"山峦组"并把巍峨山峦图置入。单击"图层"面板底部的【创建新的填充或调整图层】按钮 ，选择【纯色】命令，输入 #6090b6 设置颜色，并设置图层的混合模式为"柔光"，将整体图像的色调调整为天蓝色，如图 7-65 所示。

113

图 7-65

❸ 置入近景图像。把湖面和小船置入图中，制作近景内容。使用图层蒙版将图像的边缘融入景中，如图 7-66 所示。

图 7-66

❹ 绘制太阳。选择工具箱中的【椭圆工具】，绘制太阳，为太阳添加"渐变叠加"样式，参数设置如图 7-67 所示。

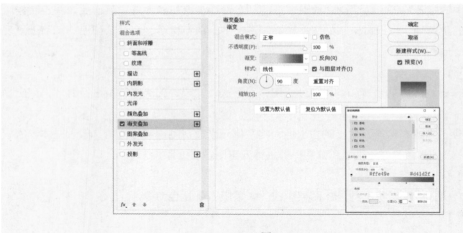

图 7-67

❺ 置入远景图像。新建图层组并命名为"远景组"，把云雾、飞鸟、云置入图中，制作远景内容，如图 7-68 所示。

图 7-68

❻ 保存文件。完成制作，将文件保存为"意境山水 - 冷调 .psd"。

2．意境山水——暖调制作

❶ 置入山河图。将前期运用【色调分离】命令制作的素材"山河图"置入"意境山水 - 冷调"文件中，如图 7-69 所示。

图 7-69

❷ **置入暖色调图像**。新建图层组并命名为"树木组"，将树木置入图像并制作倒影，加上一组有风骨的中国字或中国诗词，完成制作，如图 7-70 所示。

图 7-70

❸ **保存文件**。将文件保存为"意境山水 - 暖调 .psd"。

❹ **制作装饰画效果**。创建剪贴蒙版，将"意境山水"装到画框中，如图 7-71、图 7-72 所示。

图 7-71

图 7-72

问题与思考

1. 举例说出装饰画与传统艺术相融合的创新案例?
2. 在装饰画的创新设计上，如何体现地域文化内涵，突出地域文化的特点?

【思维拓展】装饰画在新材料、新工艺推动下的应用发展

淘宝网中的商品品类齐全，是一个很好的装饰画赏析和学习的平台，也是了解国内装饰画设计风格，装饰画采用的新材料、新工艺的渠道。

装饰画不仅用于装饰空间，随着新材料、新工艺的出现，其应用越发广泛。例如现代数码印花技术、数码绣花设计、激光雕花等技术的产生，使得装饰画能够应用在服装设计、家具产品设计、包装设计上。在景观设计中，装饰画也发挥着重要的作用。在西安大雁塔广场上，现代装饰画与剪纸、皮影等艺术融合创新出了特色景观装饰，如图 7-73、图 7-74 所示。

图 7-73   图 7-74

7.5 课后实践

【项目设计】装饰画设计

在以下项目中任选其一完成设计。

1. 设计现代简约系列装饰画，一组至少两张图。

2. 设计中式系列装饰画，一组至少两张图。

08

抠图工具和通道的应用

学习目标

知识目标

- 掌握橡皮擦工具组的应用；
- 掌握【快速选择工具】的应用；
- 掌握通道的应用。

能力目标

- 能使用橡皮擦工具组完成简单图像的抠图；
- 能使用【快速选择工具】完成复杂边缘图像的抠图；
- 能使用通道完成半透明图像的抠图。

素养目标

以灯箱广告设计——突破自我 坚持到底等项目为载体，培养健康良好的心理素质，汲取"奋进、拼搏"的体育精神。通过制作项目，树立幸福人生观念与培养拼搏奋进精神。

【项目引入】灯箱广告设计、儿童画册设计

抠图是图形图像处理中不可缺少的部分，也是 Photoshop 非常基本、常用的功能。通过抠图，可以快速删除背景图像或其他不需要的图像，更换背景图像，实现图像的合成，如特效合成、海报制作、相册影集制作、画册设计等。

本项目通过 3 个子项目，即灯箱广告设计——突破自我 坚持到底，如图 8-1 所示，儿童画册设计——童年有我 成长足迹，如图 8-2 所示，灯箱广告设计——舞动青春 舞出精彩，如图 8-3 所示，介绍抠图工具和通道的应用。

图 8-1

图 8-2

图 8-3

相关知识

8.1 简单抠图——橡皮擦工具组

橡皮擦工具组包含【橡皮擦工具】、【魔术橡皮擦工具】和【背景橡皮擦工具】等，使用这些工具可以快速去除图像中的背景颜色，形成透明背景。

【微课讲堂】橡皮擦工具

【橡皮擦工具】用于擦除不需要的图像，形成透明背景。画笔大小用于设置橡皮擦的大小；不透明度用于设置擦除图像的力度。设置画笔大小为"500 像素"、硬度为"100%"，不透明度为"40%"，擦除后，背景颜色半透明呈现；设置画笔大小为"300 像素"、硬度为"20%"，不透明度为"90%"，擦除后，90% 的图像被擦除，剩余的 10% 图像，显现出蓝色的背景颜色，如图 8-4 所示。

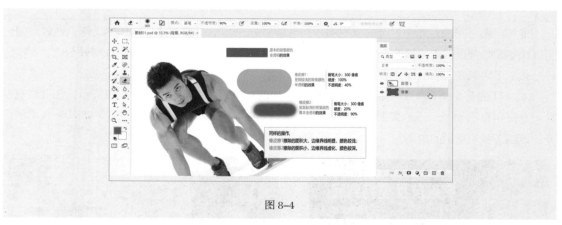

图 8-4

【微课讲堂】魔术橡皮擦工具抠图——运动男儿

【魔术橡皮擦工具】具有"魔棒 + 删除"的功能，用于将与指定像素相似的像素快速删除，形成透明背景。【魔术橡皮擦工具】的属性栏如图 8-5 所示。

✧ ∨	容差: 35	☑ 消除锯齿	☑ 连续	☑ 对所有图层取样	不透明度: 100% ∨

图 8-5

- 容差: 容差值越大，擦除的颜色范围越大。
- 消除锯齿: 勾选该复选框，可以使擦除区域的边缘变得平滑。
- 连续: 勾选该复选框时，只擦除与单击处像素邻近的像素; 取消勾选该复选框时，可以擦除图像中所有与单击处像素相似的像素。
- 对所有图层取样: 勾选该复选框时，对所有图层取样; 取消勾选该复选框时，只对当前图层取样。
- 不透明度: 用来设置擦除的强度，其值为 100% 时，将完全擦除像素; 设置较低的值可以擦除部分像素。

任务素材	素材文件 \ Ch08\ 8.1 运动男儿 \ 素材 01
任务效果	实例文件 \ Ch08\ 运动男儿 - 透明背景
选做素材	素材文件 \ Ch08\ 8.1 运动男儿 \ 选做素材 01 ～ 选做素材 02
微课讲堂	扫一扫
	观看微课教学视频

扫码观看视频

❶ **打开文件。** 打开文件"素材文件 \ Ch08\ 8.1 运动男儿 \ 素材 01"，如图 8-6 所示。

❷ **使用【魔术橡皮擦工具】抠图。** 选择工具箱中的【魔术橡皮擦工具】，设置容差为"3"，单击图像左边的白色背景区域，快速清除背景颜色。（容差值太大，容易把右肩膀的高光区域误删。）可以稍微加大容差值，完成其他区域背景颜色的清除，如图 8-7 所示。

图 8-6

图 8-7

❸ **保存文件。** 将文件保存为"运动男儿 - 透明背景 .png"。

【微课讲堂】背景橡皮擦工具抠图——健身 Logo

【背景橡皮擦工具】用于有选择性地擦除背景颜色，完成抠图。取样有连续、一次、背景色板 3 种设置，可先设置需要保护的前景色，并勾选"保护前景色"复选框。【背景橡皮擦工具】的属性栏如图 8-8 所示。

图 8-8

- 连续：在擦除图像时，将会连续采集取样点，自动检测边缘，并留下需保护的图像像素。
- 一次：把在图像中第一次单击处的颜色作为取样点，在这个颜色容差范围内删除图像的像素。
- 背景色板：将当前工具箱中的背景色作为取样点，只擦除在背景色容差范围内的颜色。需要先设置背景色，并勾选"保护前景色"复选框。
- 限制：限制有连续、不连续、查找边缘 3 种设置。连续的功能为擦除鼠标拖动范围内，所有与指定颜色相近且相连的像素；不连续的功能为擦除鼠标拖动范围内，所有与指定颜色相近的像素；查找边缘的功能为擦除鼠标拖动范围内，所有与指定颜色相近且相连的像素，但在擦除过程中可保留较强的边缘效果。
- 容差：值越大，擦除颜色的范围越大，擦除后的图像效果越粗糙。
- 保护前景色：勾选该复选框，可保留与前景色相同的颜色。

120

任务素材	素材文件 \ Ch08\ 8.1 健身 Logo\ 素材 02
任务效果	实例文件 \ Ch08\ 健身 Logo- 透明背景
选做素材	素材文件 \ Ch08\ 8.1 健身 Logo\ 选做素材 03 ～ 选做素材 04
微课讲堂	扫一扫 观看微课教学视频

扫码观看视频

❶ **打开文件。** 打开文件"素材文件 \ Ch08\ 8.1 健身 Logo\ 素材 02"，如图 8-9 所示。

❷ **使用【背景橡皮擦工具】抠图。** 选择工具箱中的【背景橡皮擦工具】，单击【取样：连续】按钮，设置需要保护的前景色，并勾选"保护前景色"复选框，属性栏中的设置如图 8-10 所示。

❸ **【取样：连续】的应用技巧。** 此时擦除图像，将会连续采集取样点，自动检测边缘，并留下需要保护的图像。绿色人像的边缘和高光部位的白色都还保留，如图 8-11 所示。但当"+"图标过界后，在背景色容差范围内的图像像素就会被删除，在绿色人像胸部的高光部位，白色的图像已经被删除了，如图 8-12 所示。

图 8-9

❹ **【取样：一次】的应用技巧。** 单击【取样：一次】按钮，把在图像中第一次单击处的颜色作为取样点，在这个颜色容差范围内的像素都会被删除，如图 8-13 所示。

❺ **勾选"保护前景色"复选框。** 将前景色设置为人物图像的绿色，如图 8-14 所示，勾选属性栏中的"保护前景色"复选框，可保留与前景色相同的颜色。

图 8-10

图 8-11

图 8-12

图 8-13

图 8-14

❻ 【取样：背景色板】的应用技巧。单击【取样：背景色板】按钮，需要先设置背景色，将当前工具箱中的背景色作为取样色，只擦除在背景色容差范围内的颜色。同时还要设置需保留的前景色，并勾选"保护前景色"复选框，这样可保留与前景色相同的颜色，如图 8-15 所示。

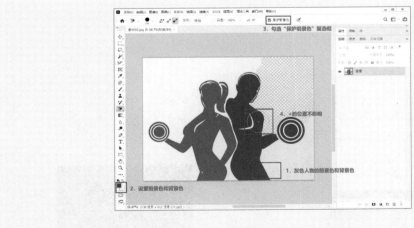
图 8-15

❼ 熟练使用取样的 3 种设置。分别使用取样的 3 种设置，完成图像的快速抠取。

❽ 保存文件。将文件保存为"健身 Logo- 透明背景 .png"。

【创意设计】灯箱广告设计——突破自我 坚持到底

灯箱广告的目标对象是行人，行人通过可视的广告来接收商品信息，所以设计灯箱广告要考虑距离、视角、环境 3 个因素。灯箱广告的形状可以是多样化、融入场景灵活设计的，大小也应根据实际空间的大小与环境情况而定，常见的户外灯箱广告多为长方形、正方形，设计时要使户外广告外形与周围环境相协调，产生视觉美感。灯箱广告设计的最终效果如图 8-16 所示。

图 8-16

项目素材	素材文件 \ Ch08\ 8.1 突破自我 坚持到底 \ 素材 03 ~ 素材 06
项目效果	实例文件 \ Ch08\ 8.1 突破自我 坚持到底

【设计背景】

运动健身有利于培养健康良好的心理素质。大学生应汲取"奋进、拼搏"的体育精神，树立勇于突破自我、坚持到底的信念和追求卓越的拼搏精神。学校为了让学生加强运动意识，以"魅力校运"为主题，以班级为单位开展班级主题设计赛。数媒 3 班参加了该比赛，并决定设计一款以"突破自我 坚持到底"为主题的灯箱广告。

【创想火花】

❶ 文案提炼：标题醒目、深入人心。

❷ 诠释主题：选择运动、体育竞技、健身类的图片作为背景。

❸ 渲染氛围：使用火苗、光斑、火花等渲染出突破自我的氛围。

❹ 营造格调：亮色块和带颗粒感的暗色块形成鲜明对比，格调稳重又不显沉闷。

❺ 突显质感：渐变文字突显质感，画面风格突显阳刚和坚毅。

【应用工具】

❶【渐变工具】；❷ 添加杂色；❸ 形状工具；❹ 图层的混合模式和图层样式。

【操作步骤】

1. 背景制作

❶ 新建文件。按快捷键【Ctrl+N】新建文件，其中宽度为"50 厘米"，高度为"30 厘米"，分辨率为"120 像素 / 英寸"，颜色模式为"RGB 颜色"。

❷ 用【渐变工具】制作背景图像。选择工具箱中的【渐变工具】，调整好色标，如图 8-17 所示，制作线性渐变的背景图像，如图 8-18 所示。

图 8-17　　　　　　　　　　　　　　　　　　　　图 8-18

122

❸ **添加杂色**。创建新图层，填充灰色（#616366），在菜单栏中选择【滤镜】-【杂色】-【添加杂色】命令，设置数量为"50%"，选择"平均分布"，勾选"单色"复选框，如图 8-19 所示，制作颗粒背景效果。

❹ **设置图层的混合模式为"柔光"**。将图层 2 的混合模式设置为"柔光"，如图 8-20 所示，得到具有颗粒感的渐变背景。

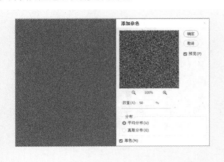

图 8-19　　　　　　　　　　　　　　　　　　图 8-20

❺ **绘制矩形**。新建"图层 3"，选择工具箱中的【矩形选框工具】，绘制矩形，填充青色（#2c9495），用【钢笔工具】勾画出右半部分的图像，将其删除，如图 8-21 所示。

❻ **置入素材并创建图层组**。置入"素材 03"的火花和"素材 04"的线条，调整好位置，按快捷键【Ctrl+G】创建图层组，命名为"背景组"。

❼ **完成背景制作**。完成背景的制作，如图 8-22 所示。

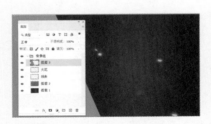

图 8-21　　　　　　　　　　　　　　　　　　图 8-22

2．人像制作

❶ **置入素材**。把前期完成的"运动男儿-透明背景.png"置入，并调整好图像的大小和位置。

❷ **载入人像选区并加大选区**。按住【Ctrl】键，单击"运动男儿-透明背景"图层，载入人像选区，在菜单栏中选择【选择】-【修改】-【扩展】，设置扩展量为"8 像素"，将选区加大。

❸ **羽化选区**。在菜单栏中选择【选择】-【修改】-【羽化】，设置羽化半径"15 像素"，将边缘虚化，填充颜色（#f6f2df），如图 8-23 所示。

图 8-23

❹ **设置图层的混合模式为"滤色"**。将"火花"图层的混合模式修改为"滤色"，选择工具箱中的【橡皮擦工具】，把"火花"图层中不需要的图像擦除。

3. Logo 制作

❶ **置入素材。**把前期完成的"健身 Logo- 透明背景 .png"置入，并调整图像的大小，输入文字"LOGO"，如图 8-24 所示。

❷ **添加"渐变叠加"样式。**双击"健身 Logo- 透明背景"图层，添加"渐变叠加"样式，完成 Logo 图标渐变光泽效果的制作，如图 8-25 所示，参数设置如图 8-26 所示。

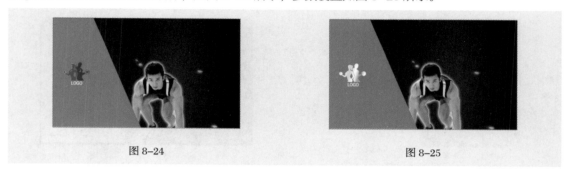

图 8-24　　　　　　　　　　　　　　　　　　图 8-25

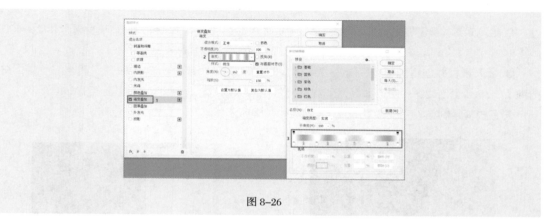

图 8-26

4. 文字制作

❶ **置入素材。**置入"素材 06"文字效果，完成文字的制作。也可以按以下的步骤完成文字制作。

❷ **输入文字并完成效果设置。**输入文字"突破自我 坚持到底"，选择"方正粗黑宋简体"，设置字体大小为"110 点"。添加"斜面和浮雕"样式，参数设置如图 8-27 所示。添加"投影"样式，参数设置如图 8-28 所示。添加"渐变叠加"样式，参数设置如图 8-29 所示。

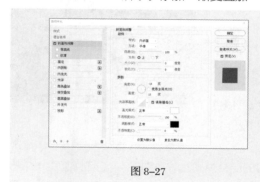
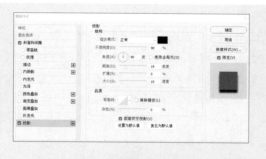

图 8-27　　　　　　　　　　　　　　　　　　图 8-28

❸ **复制、粘贴图层样式。** 输入文字"运动点燃激情"，设置字体大小为"52 点"，可通过【复制图层样式】和【粘贴图层样式】命令得到与标题文字相同的样式。

❹ **输入文字。** 输入"南宁店：新湖国际 A 座 8 楼"和"TEL：999988"，如图 8-30 所示。

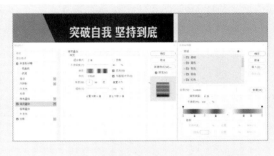

图 8-29　　　　　　　　　　　　　　　　　图 8-30

❺ **置入素材并设置图层的混合模式。** 置入"素材 05"，制作标题文字的边框效果，设置图层的混合模式"滤色"。

❻ **保存文件。** 将文件保存为"突破自我 坚持到底 .psd"。

125

> **问题与思考**
>
> ❶ 使用规则选区工具，如【矩形选框工具】、【椭圆选框工具】，可以完成简单的抠图吗？
>
> ❷ 使用不规则选区工具，如【套索工具】、【多边形套索工具】、【磁性套索工具】、【魔棒工具】、【钢笔工具】等，也可以完成简单的抠图吗？
>
> ❸ 请举例说明还有哪些抠图工具？

8.2　复杂边缘抠图——动物毛发和人物头发

　　人物的头发和动物的毛发等这一类复杂边缘 / 轮廓的抠图，可以使用【快速选择工具】完成。建议在开始进行抠图前，先创建一个背景图层，将需要的底色填充上，这有利于在进行抠图时较好地处理细节。【快速选择工具】的减选识别能力比加选识别能力强，如果选区被多选，可用减选减除。在"属性"面板中，建议设置移动边缘为 1% ～ 4%，净化颜色中的数量为 85% ～ 100%。【快速选择工具】的属性栏如图 8-31 所示。

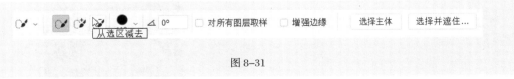

图 8-31

- 新选区：单击该按钮，可创建一个新的选区。
- 添加到选区：单击该按钮，可在原选区的基础上添加当前绘制的选区。
- 从选区减去：单击该按钮，可在原选区的基础上减去当前绘制的选区。

- 对所有图层取样 ☐ 对所有图层取样 ：勾选该复选框，可以基于所有图层创建选区，而不是仅基于当前选定的图层创建选区。
- 增强边缘 ☐ 增强边缘 ：勾选该复选框，可以得到增强的边缘效果。
- 选择主体 选择主体 ：单击该按钮，Photoshop 会对有清晰轮廓的图像自动创建选区，只有图像与背景有较为明显的对比时，选区效果才会更好一些。
- 选择并遮住 选择并遮住… ：单击该按钮，可打开"属性"面板，对选区进行调整。可对选区进行扩展、收缩、羽化等处理。

【微课讲堂】动物毛发抠图——可爱萌宠

任务素材	素材文件 \ Ch08\ 8.2 可爱萌宠 \ 素材 01
任务效果	实例文件 \ Ch08\ 可爱萌宠 – 透明背景
选做素材	素材文件 \ Ch08\ 8.2 可爱萌宠 \ 选做素材 01 ～选做素材 02
微课讲堂	扫一扫
	观看微课教学视频

扫码观看视频

❶ **打开文件**。打开文件"素材文件 \ Ch08\ 8.2 可爱萌宠 \ 素材 01"，如图 8–32 所示。

❷ **创建灰色背景图层**。单击"图层"面板底部【创建新的填充或调整图层】按钮，选择【纯色】命令，设置颜色为灰色（#989898），创建一个跟儿童画册同色调的灰色背景图层，并把背景图层拖动到最底层，如图 8–33 所示。

图 8–32

图 8–33

❸ **使用【快速选择工具】选取猫的轮廓**。选择工具箱中的【快速选择工具】，将猫的大致轮廓选取出来。选取出猫的轮廓后，单击属性栏中的【选择并遮住】按钮，如图 8–34 所示。

❹ **选择视图效果**。在"属性"面板的视图模式中可根据需要选择不同的视图效果，"洋葱皮"效果可以直观呈现猫的毛发和胡须，如图 8–35 所示。"图层"效果呈现类似抠图的效果，可以看到毛发的边缘状态，如图 8–36 所示。

图 8–34

图 8-35　　　　　　　　　　　　　　　　　　　图 8-36

❺ **修整毛发边缘**。选择工具箱中的【调整边缘画笔工具】
，设置合适的画笔大小后，沿着猫的毛发边缘进行涂抹，
清除残留的背景颜色。设置全局调整中的移动边缘为"4%"，
在输出设置中勾选"净化颜色"复选框，设置数量为"100%"，
输出到为"新建图层"，设置完成后单击【确定】按钮，如
图 8-37 所示。

❻ **保存文件**。将文件保存为"可爱萌宠 - 透明背景.png"。

图 8-37

【微课讲堂】人物头发抠图——快乐公主

任务素材	素材文件 \ Ch08\ 8.2 快乐公主 \ 素材 02
任务效果	实例文件 \ Ch08\ 快乐公主 - 透明背景
选做素材	素材文件 \ Ch08\ 8.2 快乐公主 \ 选做素材 03 ～选做素材 05

❶ **打开文件并使用【快速选择工具】选取人物和石头**。打开文件"素材文件 \ Ch08\ 8.2 快乐公
主 \ 素材 02"，创建新的绿色背景图层。选择工具箱中的【快速选择工具】，将人物和石头选取出来，
如图 8-38 所示。

❷ **完成头发抠图**。参考【微课讲堂】动物毛发抠图——可爱萌宠的第 ❹ ～ ❻ 步操作，完成抠图，
得到图 8-39 所示的"人像"图层效果。

图 8-38　　　　　　　　　　　　　　　　　　　图 8-39

❸ **完成腿部处理。** 在使用【快速选择工具】抠图时，由于图像原因，腿部的处理如果出现锯齿，可以配合【钢笔工具】对腿部单独进行修图处理。

❹ **保存文件。** 将文件保存为"快乐公主－透明背景 .png"。

【创意设计】儿童画册设计——童年有我 成长足迹

画册是传统的宣传方式，在企业形象传播和产品的营销中起着重要的作用，而儿童画册则是当前学校和家长在孩子成长过程中，用来记录孩子学习、生活点滴和成长足迹的回忆集。画册设计可以通过图形、色彩、排版等，营造气氛、烘托主题，引起人们的注意与情感上的共鸣，给人以美的享受，如图 8-40 所示。

项目素材	素材文件 \ Ch08\ 8.2 童年有我 成长足迹 \ 素材 03 ～素材 09
项目效果	实例文件 \ Ch08\ 童年有我 成长足迹

【创想火花】

❶ **背景装饰：** 用花草、树叶、小动物等可爱的元素装饰画册，衬托出童趣的氛围。

❷ **点睛主题：** 选择渐渐变大的脚印，点睛主题"成长足迹"。

❸ **软文搭配：** 配上合适主题的软文，打动观众，触动心灵。

图 8-40

【应用工具】

❶ 自由变换；❷ 图层样式。

【操作步骤】

❶ **置入素材并创建图层组。** 打开设计好的画册底图"素材 05"，把装饰画册的"素材 06"～"素材 09"置入，调整图像的大小和位置，选中所有图层，按快捷键【Ctrl+G】创建图层组，命名为"装饰组"，如图 8-41 所示。

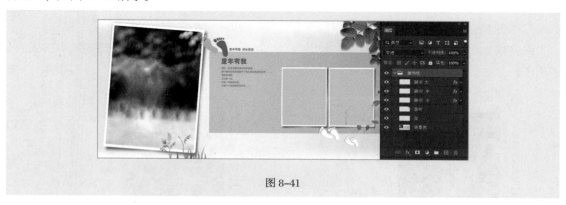

图 8-41

❷ **添加图层样式。** 为脚印添加"外发光"样式和"投影"样式，使用默认值即可。可直接用【拷贝图层样式】命令和【粘贴图层样式】命令完成图层样式的复制。

❸ **用【修饰类笔刷工具】处理石头。** 把前期完成的"快乐公主－透明背景 .png"置入，调整图像的大小，并用【修饰类笔刷工具】将图像中的石头扩大，如图 8-42 所示。

❹ **置入素材**。将"素材 03"和"素材 04"人像图片置入，调整到小相框的位置。

❺ **继续置入素材**。把前期完成的"可爱萌宠－透明背景 .png"置入，按快捷键【Ctrl+J】复制出两个图层，并调整图像为大、中、小 3 只猫，如图 8-43 所示。

图 8-42　　　　　　　　　　　　　　　　　　图 8-43

❻ **创建图层组**。选中所有的人像和猫图层，按快捷键【Ctrl+G】进行编组，命名为"图片组"。

❼ **保存文件**。将文件保存为"童年有我 成长足迹 .psd"。

> ✋ **问题与思考**
>
> 　　从设计主题和设计内容看，成长档案、成长画册、幼儿园文化墙、学习园地等这一类设计都有什么特点？

8.3　通道的应用——半透明图像抠图

在 Photoshop 中，要对通道进行操作，就必须使用"通道"面板。在菜单栏中选择【窗口】-【通道】命令，即可打开"通道"面板。"通道"面板会根据图像文件的颜色模式显示通道数量，图 8-44和图 8-45 所示分别为 RGB 颜色模式和 CMYK 颜色模式下的"通道"面板。

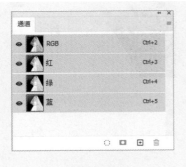　　　　　　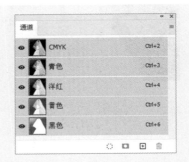

图 8-44　　　　　　　　　　　　　　　　　　图 8-45

在"通道"面板中单击即可选中一个通道，选中的通道会以高亮的形式显示，这时就可以对该通道进行编辑，也可以按住【Shift】键依次单击选中多个通道。

• 将通道作为选区载入 ○：单击该按钮，可以将通道中的图像载入选区，按住【Ctrl】键并单击通道缩览图也可以将通道中的图像载入选区。

- 将选区存储为通道 ▣：如果图像中有选区，单击该按钮，可以将选区中的内容存储到自动创建的 Alpha 通道中。

- 创建新通道 ▣：单击该按钮，可以新建一个 Alpha 通道。

- 删除当前通道 🗑：将通道拖曳到该按钮上，可以删除选择的通道。

使用通道抠图的原则是选择背景和图像反差最大的通道进行通道改造。在通道中，纯黑色最透明，纯白色最不透明，灰色为半透明效果，如图 8-46 所示。

图 8-46

【微课讲堂】半透明图像抠图——婚纱靓影

任务素材	素材文件 \ Ch08\ 8.3 婚纱靓影 \ 素材 01
任务效果	实例文件 \ Ch08\ 婚纱 - 透明背景
选做素材	素材文件 \ Ch08\ 8.3 婚纱靓影 \ 选做素材 01 ~ 选做素材 02
微课讲堂	扫一扫 观看微课教学视频

扫码观看视频

❶ **打开文件**。打开文件"素材文件 \ Ch08\ 8.3 婚纱靓影 \ 素材 01"，如图 8-47 所示。

❷ **复制通道并改造**。打开"通道"面板，把反差最大的"绿"通道进行复制，得到"绿 拷贝"通道，并进行通道改造，如图 8-48 所示。

图 8-47

图 8-48

❸ **用色阶调整通道**。选择"绿 拷贝"通道，按快捷键【Ctrl+L】打开"色阶"对话框，通过拖动输入色阶中的滑块，将背景设置为纯黑色（全透明效果），人物身体的部分为纯白色（不透明效果），如图 8-49 所示。

❹ **使用【钢笔工具】勾出人物的轮廓**。由上可知，通过调整色阶无法调整出人物身体部分为纯白色。此时，可以回到 RGB 图层，借助【钢笔工具】，把人物的轮廓勾出，如图 8-50 所示。

❺ **将人像轮廓载入选区并填充白色**。将使用【钢笔工具】描好的人像轮廓载入选区，如图 8-51 所示。回到"绿 拷贝"通道，将前景色设置为纯白色，按快捷键【Alt+Delete】对选区中的人像进行前景色填充，如图 8-52 所示。

图 8-49   图 8-50

图 8-51   图 8-52

❻ 取消选区。按快捷键【Ctrl+D】取消人像的选区。

❼ 载入通道选区。填充完成后，按住【Ctrl】键，单击"绿 拷贝"通道的缩览图，载入该通道的选区，再单击"RGB"通道的缩览图。

❽ 复制新选区图层。返回"图层"面板，按快捷键【Ctrl+J】，复制当前图层下的新选区图层，如图 8-53 所示。

❾ 保存文件。将文件保存为"婚纱 – 透明背景 .png"，完成半透明图像的抠图，如图 8-54 所示。

图 8-53   图 8-54

【微课讲堂】半透明图像抠图——舞动红丝带

任务素材	素材文件 \ Ch08 \ 8.3 舞动红丝带 \ 素材 02
任务效果	实例文件 \ Ch08 \ 舞动红丝带 - 透明背景
选做素材	素材文件 \ Ch08 \ 8.3 舞动红丝带 \ 选做素材 03 ～选做素材 05
微课讲堂	扫一扫
	观看微课教学视频

扫码观看视频

❶ **打开文件**。打开文件 "素材文件 \ Ch08 \ 8.3 舞动红丝带 \ 素材 02"，如图 8-55 所示。

❷ **复制通道**。观察通道效果，可见 "绿" 通道反差最大，复制 "绿" 通道以进行改造，如图 8-56 所示。

图 8-55

图 8-56

❸ **设置反相**。纯黑色是全透明效果，无法通过色阶调整将 "绿 拷贝" 通道的背景颜色调整为纯黑色。在菜单栏中选择【图像】-【调整】-【反相】命令实现背景的纯黑色设置，如图 8-57 所示。

❹ **调整丝带的不透明度**。按快捷键【Ctrl+L】打开 "色阶" 对话框，拖动输入色阶中的滑块，调整丝带的不透明度，如图 8-58 所示。

图 8-57

❺ **载入通道选区**。按住【Ctrl】键，单击 "绿 拷贝" 通道，在载入该通道的选区后，单击 "RGB" 通道的缩览图，如图 8-59 所示。

❻ **复制新选区图层**。返回 "图层" 面板，按快捷键【Ctrl+J】，复制当前图层下的新选区图层，如图 8-60 所示。

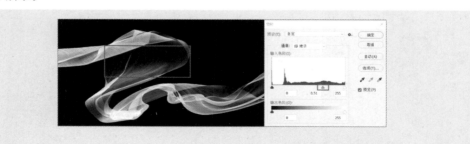

图 8-58

132

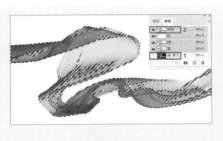
图 8-59

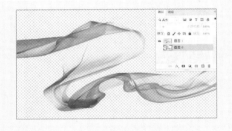
图 8-60

❼ **保存文件**。将文件保存为"舞动红丝带 – 透明背景 .png"，完成半透明图像的抠图。

【创意设计】灯箱广告设计——舞动青春 舞出精彩

　　灯箱广告作为一种传统广告，相比于 LED 广告有其不可替代的优势。随着新材料、新科技的发展，超薄滚动灯箱的出现使灯箱可以突破户外广告的限制，进入室内广告市场。在新材料的应用、产品外观和图形元素的创新设计方面，灯箱广告也有很大的开发空间。灯箱广告可通过光影效果和简洁的画面，呈现出炫美的视觉效果，如图 8-61 所示。

图 8-61

133

项目素材	素材文件 \ Ch08\ 8.3 舞动青春 舞出精彩 \ 素材 02 ～素材 08
项目效果	实例文件 \ Ch08\ 8.3 舞动青春 舞出精彩

【设计背景】

　　舞蹈是人类的肢体语言，具备蓬勃的生命力和灵动的气质。培养蓬勃向上和热爱生活的心态，树立迎难而上、挑战自我的工作精神可以不断提升大学生的个人素养。小贤参加的电影社团最近在播放《勇敢的心》《当幸福来敲门》《美丽心灵》等电影。小贤看后深受启发，与同学分享观看心得后，大家一致决定以"舞动青春 舞出精彩"为主题，设计一款灯箱广告。

【创想火花】

❶ 背景色调：运用黑白色背景，突出红丝带、红舞裙。

❷ 字体效果：通过灵动的字体样式，诠释主题"舞动青春 舞出精彩"的含义。

❸ 衬托氛围：运用聚光灯、闪亮的光斑，衬托灵动的旋律和舞动的身姿。

【应用工具】

❶ 通道应用；❷ 色阶调整；❸ 创建调整图层；❹ 图层的混合模式。

【操作步骤】

❶ **打开文件**。打开文件"素材文件 \ Ch08\ 8.3 舞动青春 舞出精彩 \ 素材 03"，如图 8-62 所示。为了突出红丝带、红舞裙，将背景调整为黑白色，如图 8-63 所示。

❷ **创建黑白调整图层**。在菜单栏中选择【窗口】–【调整】命令，对背景图层创建新的黑白调整图层，如图 8-64 所示。

图 8-62　　　　　　　　　　　　　　　图 8-63

❸ **置入素材**。把前期完成的"红丝带 – 透明背景 .png"和"素材 04"置入，调整图像的大小和位置，如图 8-65 所示。

图 8-64　　　　　　　　　　　　　　　图 8-65

❹ **增加画面层次感**。从画面构图看，人像头部跟背景色融为一体，整体画面缺少层次感。可运用聚光灯、闪亮光斑等增加画面的层次感，衬托灵动的韵律和舞动的身姿，如图 8-66 所示。

❺ **置入其他素材并完成制作**。把其他素材置入，调整图像的大小和位置，完成"舞动青春 舞出精彩"灯箱广告的制作，如图 8-67 所示。

图 8-66　　　　　　　　　　　　　　　图 8-67

> **问题与思考**
>
> 根据所学知识，你能用几种方法把"聚光灯""闪亮光斑"的图像更好地融入背景图像中？

【思维拓展】商业摄影后期修图与网店美工实战提升

画册广告、灯箱广告、电商页面等产品效果图基本上都需要后期修图。

完成"商业修图篇"的学习后，要想达到熟练、精通、灵活应用的专业水平，需要课后多学习、多练习。

8.4　课后实践

【项目设计】系列主题宣传海报设计

在以下项目中任选其一完成设计。

1. 利用手机拍摄一张美丽晨曦的校园照片，完成"美丽校园"系列主题宣传海报设计。
2. 利用手机拍摄一组校园中运动健将们的身影，完成"校园运动会"系列主题宣传海报设计。

创意图像合成篇

09

蒙版

学习目标

知识目标

● 了解图层蒙版和剪贴蒙版的特点；

● 掌握图层蒙版的创建和使用方法。

能力目标

● 能使用图层蒙版，更换摄影图的天空效果；

● 能使用剪贴蒙版，完成窗外风光的图像效果；

● 能灵活运用蒙版工具，完成宣传单设计。

素养目标

　　以宣传单设计——印象西塘为载体，树立服务社会的意识，培养职业道德与知法守法的优良品格。

【项目引入】宣传单设计——印象西塘

　　一张有创意和精心设计的宣传单，可以在品牌竞争中脱颖而出。好的宣传单设计，应该能吸引观者的注意力、清楚地展示信息、激发观者的兴趣并引发其行动，如旅游度假套餐宣传单、房屋清洁服务宣传单、美食促销宣传单、室内设计宣传单等。

　　本项目通过印象西塘宣传单设计，介绍图层蒙版、剪贴蒙版等不同蒙版在创建方法上的具体操作和应用技巧。宣传单的最终效果如图 9-1 所示。

图 9-1

相关知识

9.1 图层蒙版

　　蒙版是 Photoshop 中用于图像处理、编辑的工具，有图层蒙版、剪贴蒙版等类型。其特点是在不破坏原图像的基础上进行编辑，可以将图像的某些部分变成透明或半透明效果，实现局部图像的显示或隐藏。在进行蒙版编辑时，黑色代表隐藏，白色代表显示，灰色代表透明，如图 9-2 所示。

效果图　　　　　　　　　　　　　　　　蒙版显示图

图 9-2

- 创建图层蒙版：创建图层蒙版的方法有多种，既可以直接在"图层"面板中进行创建，也可以从选区或图像中生成图层蒙版。
- 删除图层蒙版：选中需要删除的图层蒙版，在图层蒙版缩览图处右击，在弹出的菜单中选择【删除图层蒙版】命令，或在菜单栏中选择【图层】-【图层蒙版】-【删除】命令，均可将图层蒙版删除。

【微课讲堂】图层蒙版——摄影换天

　　遇上天气不好或者场景不好，拍摄的照片就难以让客户满意。利用图层蒙版既可以实现局部颜色和色调校正，还可以更换局部的背景图像，如图 9-3 所示。

原图　　　　　　　　　　　　　　　　效果图

图 9-3

任务素材	素材文件 \ Ch09\ 9.1 摄影换天 \ 素材 01 ～素材 02
任务效果	实例文件 \ Ch09\ 9.1 摄影换天
选做素材	素材文件 \ Ch09\ 9.1 摄影换天 \ 选做素材 01 ～选做素材 02
微课讲堂	扫一扫
	观看微课教学视频

扫码观看视频

❶ **打开文件。** 打开文件"素材文件 \Ch09\ 9.1 摄影换天 \ 素材 01",如图 9-4 所示。

❷ **置入替换图像并添加图层蒙版。** 置入"素材 02"并调整图像的位置和大小,在"图层"面板底部单击【添加矢量蒙版】按钮 ,创建图层蒙版,如图 9-5 所示。直接单击该按钮添加的是白色蒙版,按住【Alt】键并单击该按钮添加的是黑色蒙版 / 反相蒙版。

图 9-4

图 9-5

❸ **隐藏图像的局部区域。** 图层蒙版中的黑色代表隐藏,白色代表显示,灰色代表透明。在工具箱中选择【渐变工具】,并将前景色设置为纯黑色,背景色设置为纯白色,使用线性渐变从"素材 02"的左边向右拖曳鼠标填充渐变色,如图 9-6 所示,越暗的地方越不透明,"素材 02"左边天空的边缘已被隐藏和虚化。

图 9-6

❹ **尝试以同样的操作隐藏其他区域。** 继续使用线性渐变从"素材 02"的底部边缘向上拖曳鼠标填充渐变色,或从右向左拖曳鼠标填充渐变色,都无法得到四边被隐藏和虚化的图像,如图 9-7 所示。

图 9-7

❺ **用黑色到透明解决四边被覆盖的问题。**将前景色设置为纯黑色，背景色设置为纯白色，并在"渐变编辑器"对话框中调整背景色的不透明度为"0%"，如图 9-8 所示。

❻ **完成天空四周边缘的虚化和隐藏。**设置黑色到透明的渐变后，勾选"属性"面板中的"透明区域"复选框，使用线性渐变分别完成左边、底部、右边的天空边缘的虚化和隐藏，如图 9-9 所示。

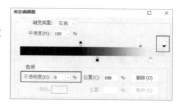

图 9-8

图 9-9

140

❼ **优化局部显示效果。**将前景色设置为纯黑色，在工具箱中选择【画笔工具】，适当调整大小、硬度和属性栏中的不透明度，对被虚化的古镇建筑和树木进行涂抹，修整图像的清晰度，如图 9-10 所示。

图 9-10

❽ **修整局部显示效果。**将前景色设置为灰色，在工具箱中选择【画笔工具】，修整涂过界的图像边缘。按住【Alt】键并单击图层蒙版缩览图，可把蒙版显示 / 隐藏，完善图像的修整效果，如图 9-11 所示。如果需要删除重做，右击图层蒙版缩览图并选择【删除图层蒙版】命令即可。

图 9-11

❾ **制作水面倒影。**复制"素材 02"图层，在菜单栏中选择【编辑】-【变换】-【垂直翻转】命令制作水面上的倒影，以同样的步骤处理倒影四周边缘，如图 9-12 所示。

⑩ **保存文件**。加上文字点缀，将文件保存为"摄影换天.psd"，并另存为 JPG 格式，如图 9-13 所示。

图 9-12

图 9-13

使用技巧	• 白色蒙版、黑色蒙版 / 反相蒙版：直接单击【添加矢量蒙版】按钮可添加白色蒙版，按住【Alt】键并单击该按钮可添加黑色蒙版 / 反相蒙版。 • 图层蒙版效果显示：图层蒙版中的黑色代表隐藏，白色代表显示，灰色代表透明。 • 图层蒙版停用 / 启用：按住【Shift】键，单击图层蒙版缩览图，可暂时停用 / 启用蒙版。 • 图层蒙版显示 / 隐藏：按住【Alt】键，单击图层蒙版缩览图，可显示 / 隐藏蒙版。 • 图层蒙版的羽化设置：在菜单栏中选择【窗口】-【属性】命令，直接在面板中修改参数，可实现即改即见的实时预览效果。

9.2　剪贴蒙版

　　剪贴蒙版是由多个图层组成的图层组。在剪贴蒙版中，下层图层的像素范围决定上层图层的显示范围，形成一种剪贴画的效果，如图 9-14 所示。可以按快捷键【Alt+Ctrl+G】快速创建剪贴蒙版，或者按住【Alt】键，将鼠标指针移动到两个图层中间并单击创建剪贴蒙版。

图 9-14

【微课讲堂】剪贴蒙版——窗外风光

任务素材	素材文件 \ Ch09\ 9.2 窗外风光 \ 素材 01 ~ 素材 03
任务效果	实例文件 \ Ch09\ 9.2 窗外风光
微课讲堂	扫一扫 观看微课教学视频

扫码观看视频

❶ **打开素材文件**。打开文件"素材文件 \ Ch09\ 9.2 窗外风光 \ 素材 01"，如图 9-15 所示。

❷ **绘制窗口的形状**。在工具箱中选择【椭圆工具】，绘制圆形，在属性栏中选择"形状"，设置填充为"浅黄色"、描边为"无颜色"，如图 9-16 所示。

❸ **置入素材并创建剪贴蒙版**。置入"素材 02"并调整好图像的大小和位置，如图 9-17 所示。在"图

层"面板上右击"素材 02"，选择【创建剪贴蒙版】命令，或者按住【Alt】键，将鼠标指针移动到"素材 02"图层与"椭圆 2"图层中间并单击，创建剪贴蒙版，如图 9-18 所示。

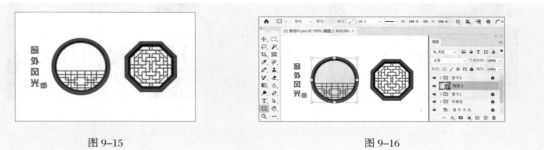

图 9-15   图 9-16

142

   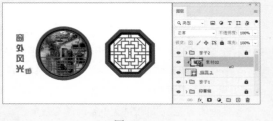

图 9-17   图 9-18

❹ 绘制多边形。在工具箱中选择【多边形工具】，绘制多边形，在属性栏中选择"形状"，设置填充为"浅黄色"、描边为"颜色无"、边数为"8"，如图 9-19 所示。

❺ 置入素材并创建剪贴蒙版。置入"素材 03"并调整好图像的大小和位置，创建剪贴蒙版，如图 9-20 所示。

图 9-19   图 9-20

❻ 保存文件。完成制作并将文件保存为"窗外风光 .psd"。

【创意设计】宣传单设计——印象西塘

宣传单、宣传画册的内容必须是易消化、易阅读和简洁的。在尽可能短的时间内传达产品内容信息是快速获得宣传效果的首要条件。"印象西塘"宣传单如图 9-21 所示。

项目素材	素材文件 \ Ch09\ 9.2 印象西塘 \ 素材 02 ～素材 07
项目效果	实例文件 \ Ch09\ 9.2 印象西塘

【设计背景】

没有规矩，不成方圆。新时代青年树立服务社会的意识，培养职业道德和知法守法的优良品格，才能养成良好的职业习惯。班会活动上，数媒 3 班讨论了时事热点案例，如合成图片勒索案、虚假违法广告案等，同学们深刻理解了职业道德的重要性。在班主任的安排下，同学们进行宣传单设计，使用的图片都从正规平台购买，展现职业道德。

【创想火花】

❶ 注意力的吸引：通过精美图片和具有吸引力的标题，提升宣传效果、吸引观者的注意。

❷ 有效信息展示：信息内容易消化、易阅读和简洁。

❸ 引发行动：引起注意、产生兴趣、激发愿望、采取行动和留下记忆，是宣传单的设计目的。

图 9-21

143

【应用工具】

❶【渐变工具】；❷ 形状工具；❸ 图层样式；❹ 蒙版应用。

【操作步骤】

1. 背景制作

❶ 新建文件。使用快捷键【Ctrl+N】新建文件，其中宽度为"600 像素"、高度为"900 像素"、分辨率为"72 像素 / 英寸"、颜色模式为"RGB 颜色"。

❷ 利用蒙版制作背景图像。新建图层组并命名为"背景组"，置入"素材 02""素材 07"，根据古镇色调设置前景色为"#ffeede"、背景色为"#49b0eb"，选择工具箱中的【渐变工具】，绘制背景，如图 9-22 所示。使用图层蒙版，完成置入图像与背景的融合，如图 9-23 所示。

图 9-22

图 9-23

2. 窗外风光

❶ 绘制圆形小窗。新建图层组并命名为"西塘 – 小窗组"，在工具箱中选择【椭圆工具】，绘制 3 个圆形，如图 9-24 所示。添加"描边"样式，设置大小为"5 像素"。添加"投影"样式，参数设置如图 9-25 所示。

图 9-24   图 9-25

❷ **利用剪贴蒙版制作窗外风光。** 把"素材 03""素材 04""素材 05"置入，利用剪贴蒙版制作窗外风光，如图 9-26 所示。

3．制作标题文字

❶ **制作大标题文字。** 新建图层组并命名为"印象西塘组"，输入文字"印象"，设置文字颜色为红色（#c10000）并复制圆形小窗的图层样式给该文字图层。输入文字"西塘"并用"素材 06"为该文字图层创建剪贴蒙版效果，对"素材 06"的图像进行大小和位置的调整，可以调整标题"西塘"的底纹显示效果，同样复制圆形小窗的图层样式给该文字图层。

❷ **制作副标题和印章。** 完成副标题和印章的制作，如图 9-27 所示。

❸ **保存文件。** 完成制作并将文件保存为"印象西塘 .psd"。

图 9-26   图 9-27

使用技巧

最常见的宣传单尺寸及适合的活动类型。
- A7：适合在街上派发的宣传单，体积小到可以放在口袋里。
- A6：明信片尺寸，非常适合派发或通过信箱投递。
- A5：信箱派发宣传单的最常见尺寸，如外卖菜单和邀请函。
- A4：标准纸张尺寸，通常用作菜单或指南，以显示大量信息。
- A3：更多用于实现展示目的，如海报或钉在墙上的广告。

问题与思考

1. 宣传单设计应该注重哪些方面？
2. 根据你所在省市的古镇旅游特色，思考可以运用什么元素设计宣传单。

【思维拓展】在资源平台找设计方案

　　形象宣传的视角是多种多样的，形象宣传的形式更是种类繁多，有形象宣传片、形象宣传广告、形象宣传画册等形式。这些都是向公众展示实力、魅力、责任感和使命感的方式，更是增强品牌和产品的知名度、美誉度，使消费者和广告受众对品牌、产品有更深层的认识并产生信赖感的方式。

　　百度是常用的中文搜索引擎。通过百度图片搜索关键词"旅游宣传单""旅游画册"等，可以找到大量的优秀设计案例和各类设计素材，也可以通过摄图网、昵图网等资源平台提供的优秀设计案例，寻找设计灵感，如图 9-28、图 9-29 所示。

图 9-28

图 9-29

9.3 课后实践

【项目设计】形象宣传折页设计

在以下项目中任选其一完成设计。

1. 为你所在省市的古镇设计形象宣传折页。

2. 为你所在的城市设计形象宣传折页。

10

滤镜

知识目标

● 了解滤镜的分类；
● 掌握滤镜的使用技巧。

能力目标

● 能灵活运用滤镜完成效果制作；
● 能运用滤镜进行 App 闪屏设计；
● 能运用滤镜进行 App 界面设计。

素养目标

以 App 闪屏设计、App 界面设计为载体，树立建设新时代科技强国的信念，培养科技
创新、开拓进取、敢为人先的新时代精神和正确价值观。

【项目引入】App 闪屏设计、App 界面设计

滤镜是 Photoshop 中功能最丰富、效果最独特的工具之一。它通过不同的计算方式改变图像中
的像素数据，达到对图像进行抽象化、艺术化的特殊处理的目的。在进行图像创作时，恰当使用滤镜，
可增强图像的创意性和丰富画面效果。

本项目通过 App 闪屏设计、App 界面设计，介绍滤镜的应用。App 闪屏设计与 App 界面设计
的最终效果如图 10-1 和图 10-2 所示。

图 10-1

图 10-2

相关知识

10.1 滤镜效果

1. "渲染"滤镜组

在菜单栏中选择【滤镜】-【渲染】命令，可打开"渲染"滤镜组。"渲染"滤镜组包括"分层云彩""光照效果""镜头光晕""纤维""云彩"5种滤镜。"渲染"滤镜组可以在图像中创建三维形状、云彩图案和三维光照效果，其中"分层云彩"和"云彩"效果随机产生，"纤维"效果既可设定参数又可随机产生，如图10-3所示。

2. "风格化"滤镜组

在菜单栏中选择【滤镜】-【风格化】命令，可打开"风格化"滤镜组。"风格化"滤镜组包括"查找边缘""等高线""风""浮雕效果""扩散""拼贴""曝光过度""凸出""照亮边缘"9种滤镜。"风格化"滤镜组通过置换像素和在图像中查找并提高对比度的方法，在图像上产生绘画或印象派效果，适合制作艺术效果，如图10-4所示。

图 10-3   图 10-4

3. "扭曲"滤镜组

在菜单栏中选择【滤镜】-【扭曲】命令，可打开"扭曲"滤镜组。"扭曲"滤镜组包括"波浪""波纹""极坐标""挤压""切变""球面化""水波""旋转扭曲""置换"等12种滤镜。"扭曲"滤镜组中的滤镜是破坏性滤镜，它们以几何方式扭曲图像，创建出波纹、球面化、波浪等三维效果或其他效果，如图10-5所示。

4. "模糊"滤镜组

在菜单栏中选择【滤镜】-【模糊】命令，可打开"模糊"滤镜组。"模糊"滤镜组包括"表面模糊""动感模糊""方框模糊""高斯模糊""进一步模糊""径向模糊""镜头模糊""模糊""平均""特殊模糊""形状模糊"11种滤镜。"模糊"滤镜组能使图像变得柔和、朦胧，可以减弱图像中相邻像素的对比度和减少图像中的杂点，如图10-6所示。

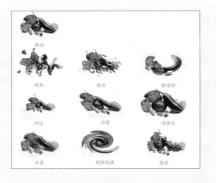

图 10-5

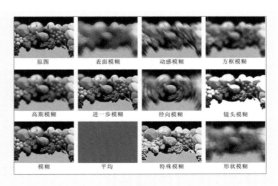

图 10-6

5. "杂色"滤镜组

在菜单栏中选择【滤镜】-【杂色】命令，可打开"杂色"滤镜组。"杂色"滤镜组包括"减少杂色""蒙尘与划痕""去斑""添加杂色""中间值"5 种滤镜。"杂色"滤镜组的主要功能是在图像中增加或减少杂色，如图 10-7 所示。

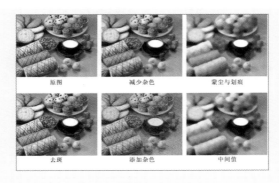

图 10-7

6. "像素化"滤镜组

在菜单栏中选择【滤镜】-【像素化】命令，可打开"像素化"滤镜组。"像素化"滤镜组包括"彩块化""彩色半调""点状化""晶格化""马赛克""碎片""铜版雕刻"7 种滤镜。"像素化"滤镜组将图像分成一定的区域，把这些区域转变为相应的色块，再由色块构成图像，形成类似平面设计中色彩构成的效果，如图 10-8 所示。

7. "画笔描边"滤镜组

在菜单栏中选择【滤镜】-【画笔描边】命令，可打开"画笔描边"滤镜组。"画笔描边"滤镜组包括"成角的线条""墨水轮廓""喷溅""喷色描边""强化的边缘""深色线条""烟灰墨""阴影线"8 种滤镜。"画笔描边"滤镜组用于模拟使用不同的画笔和油墨进行描边处理，创造出绘画的艺术效果，如图 10-9 所示。

8. "艺术效果"滤镜组

在菜单栏中选择【滤镜】-【艺术效果】命令，可打开"艺术效果"滤镜组。"艺术效果"滤镜组包括"粗糙画笔""海报边缘""海绵""胶片颗粒""木刻""水彩""涂抹棒"等滤镜。"艺术效果"滤镜组主要用于表现不同的绘画艺术效果，对 RGB 颜色模式的图像或灰度模式的图像起作用，如图 10-10 所示。

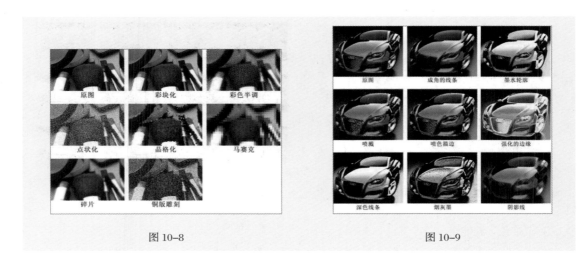

图 10-8   图 10-9

150

图 10-10

10.2 滤镜应用

【微课讲堂】极坐标——东方明珠

任务素材	素材文件 \ Ch10\ 10.2 东方明珠 \ 素材 01
任务效果	实例文件 \ Ch10\ 东方明珠
选做素材	素材文件 \ Ch10\ 10.2 东方明珠 \ 选做素材 01
微课讲堂	扫一扫
	观看微课教学视频

扫码观看视频

❶ **打开文件。** 打开文件"素材文件 \ Ch10\ 10.2 东方明珠 \ 素材 01"。

❷ **绘制选区。** 选择工具箱中的【矩形选框工具】，按住【Shift】键，在图像上绘制一个正方形选区，如图 10-11 所示。

❸ **裁剪图像。** 在菜单栏中选择【图像】-【裁剪】命令，裁剪图像，如图 10-12 所示。

图 10-11   图 10-12

❹ **将背景图层转换为普通图层**。双击背景图层名称，将背景图层转换为普通图层，在弹出的对话框中单击【确定】按钮，如图 10-13 所示。

❺ **翻转图像**。在菜单栏中选择【编辑】-【变换】-【垂直翻转】命令，对图像做垂直翻转，如图 10-14 所示。

图 10-13   图 10-14

❻ **应用滤镜**。在菜单栏中选择【滤镜】-【扭曲】-【极坐标】命令，在"极坐标"对话框中选择"平面坐标到极坐标"，如图 10-15 所示。单击【确定】按钮生成图像，如图 10-16 所示。

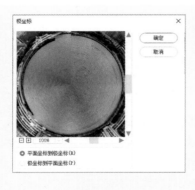

图 10-15   图 10-16

❼ **复制图层并旋转**。按快捷键【Ctrl+J】复制图层，按快捷键【Ctrl+T】进入自由变换状态，将复制出的图层顺时针旋转 120°，如图 10-17 所示。

❽ **图层蒙版。**单击"图层"面板中的【添加图层蒙版】按钮，选择【画笔工具】，设置大小为"150像素"、硬度为"0%"、前景色为黑色，在图层蒙版中对图像的连接边缘进行编辑，如图 10-18 所示。

❾ **保存文件。**处理后的图像如图 10-19 所示，将图像保存为"东方明珠.jpg"。

图 10-17

图 10-18

图 10-19

【微课讲堂】模糊——城市水面倒影

任务素材　素材文件 \ Ch10\ 10.2 城市水面倒影 \ 素材 03
任务效果　实例文件 \ Ch10\ 城市水面倒影

1. 制作倒影

❶ **打开文件。**打开文件"素材文件 \ Ch10\ 10.2 城市水面倒影 \ 素材 03"，如图 10-20 所示。

❷ **调整画布大小。**在菜单栏中选择【图像】-【画布大小】命令，将高度设置为"1800 像素"，在定位中单击↑，如图 10-21 所示，单击【确定】按钮，效果如图 10-22 所示。

图 10-20

图 10-21

图 10-22

❸ **建立选区。**使用【矩形选框工具】绘制选区，包含城市与部分天空，如图 10-23 所示。

❹ **复制图层并翻转图像。**按快捷键【Ctrl+J】复制图层，命名为"倒影 1"，在菜单栏中选择【编辑】-【变换】-【垂直翻转】命令，使用【移动工具】将翻转后的图像移动至下方，如图 10-24 所示。

❺ **复制图层。**按快捷键【Ctrl+J】复制图层，并将图层命名为"倒影 2"。

❻ **应用滤镜。**选择"倒影 2"图层，在菜单栏中选择【滤镜】-【模糊】-【动感模糊】命令，在"动感模糊"对话框中设置角度为"90 度"、距离为"35 像素"，如图 10-25 所示。单击【确定】按钮，效果如图 10-26 所示。

2. 制作波纹

❶ **涂抹工具。**使用涂抹工具在"倒影 2"图层的不同水平线上横向涂抹 2 ～ 3 次，使得图像产生弯曲效果，如图 10-27 所示。

图 10-23　　　　　　　　　　图 10-24　　　　　　　　　　图 10-25

图 10-26　　　　　　　　　　　　　　　图 10-27

❷ **填充颜色。**按住【Ctrl】键，单击"倒影 2"图层缩览图，单击【创建新图层】按钮，将图层命名为"波纹"，将前景色设置为白色，按快捷键【Alt+Delete】填充前景色，如图 10-28 所示。

❸ **应用滤镜。**在菜单栏中选择【滤镜】–【杂色】–【添加杂色】命令，在"添加杂色"对话框中设置数量为"115%"（不超过 170% 都行）、分布为"高斯分布"，勾选"单色"复选框，如图 10-29 所示。

图 10-28　　　　　　　　　　　　　　　图 10-29

❹ **应用滤镜。** 在菜单栏中选择【滤镜】-【模糊】-【动感模糊】命令，在"动感模糊"对话框中设置角度为"0 度"、距离为"40 像素"，如图 10-30 所示。

❺ **色阶调整。** 按快捷键【Ctrl+L】打开"色阶"对话框，参数设置如图 10-31 所示。

❻ **应用滤镜。** 在菜单栏中选择【滤镜】-【模糊】-【高斯模糊】命令，在"高斯模糊"对话框中设置半径为"2.0 像素"，如图 10-32 所示。

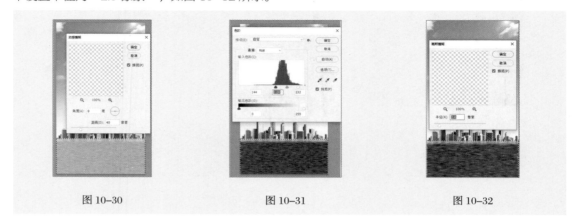

| 图 10-30 | 图 10-31 | 图 10-32 |

❼ **设置图层的混合模式。** 选择"波纹"图层，设置图层的混合模式为"柔光"，如图 10-33 所示。

❽ **加强对比效果。** 按快捷键【Ctrl+J】复制图层，选择【移动工具】，将复制出的图层向下移动，错开两个纹理间重合区域，增强对比效果，如图 10-34 所示。

| 图 10-33 | 图 10-34 |

❾ **保存文件。** 将图像保存，并生成 JPG 格式的副本文件，命名为"城市水面倒影 .jpg"。

【创意设计】手机 App 闪屏设计——VR 世界

当我们打开某些 App 时，经常能看到各种精致的画面一闪而过，这就是手机 App 闪屏。手机 App 闪屏作为产品宣传和推广的手段，常见分类有广告闪屏、活动闪屏、节日闪屏、大版本升级闪屏等。常规的闪屏设计相对简洁明了，主要包含品牌色、Logo、名称等元素，让用户更直观地了解产品、品牌理念等，图 10-35 所示为一款名为"VR 世界"的手机 App 闪屏设计。

项目素材　素材文件 \ Ch10\ 10.2 VR 世界 \ 素材 04 和素材 05

项目效果　实例文件 \ Ch10\ VR 世界

图 10-35

【设计背景】

树立建设新时代科技强国的信念，培养科技创新、开拓进取、敢为人先的新时代精神和正确价值观是本次讨论课的主题。讨论课上，数媒 3 班的同学分别谈了他们对我国各领域科技创新方案的认识，包括知识创新、技术创新和现代科技引领的管理创新。学生们根据自己的认识，分别进行了手机 App 闪屏设计、宣传页设计等，并在全校范围内开展了"心中有家国 眼里有世界""科技托起强国梦""科技创造未来"等主题交流活动。

【应用工具】

❶ 图层蒙版；❷ 色阶调整。

【操作步骤】

❶ 新建文件。按快捷键【Ctrl+N】新建文件，这里选择移动设备中的"iPhone 8/7/6"，即尺寸为 750 像素 ×1334 像素，分辨率设为"72 像素 / 英寸"，如图 10-36 所示。

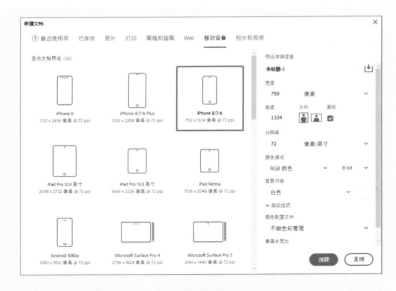

图 10-36

❷ 置入背景图片。在菜单栏中选择【文件】-【置入嵌入对象】命令，置入前期完成的"城市水面倒影"，并调整至画布大小。

❸ 置入素材。置入"素材 04"，将宽度和高度放大至原大小的 237%，在菜单栏中选择【图层】-【栅格化】-【智能对象】命令，按快捷键【Shift+Ctrl+U】去色，效果如图 10-37 所示。

❹ 添加图层蒙版。单击"图层"面板中的【添加图层蒙版】按钮，选择【画笔工具】，设置大小为"300 像素"、硬度为"0%"、前景色为黑色，涂抹眼部以外的区域将其隐藏，效果如图 10-38 所示。

图 10-37   图 10-38

❺ 色阶调整。 按快捷键【Ctrl+L】进行色阶调整，参数设置如图 10-39 所示。

❻ 置入素材。 置入前期完成的"东方明珠"，用【椭圆选框工具】绘制圆形，如图 10-40 所示。单击"图层"面板中的【添加图层蒙版】按钮，按快捷键【Ctrl+T】进入变换状态，缩小图像并将其移动到眼部，再次添加图层蒙版将东方明珠上部分与睫毛重合部分隐藏，效果如图 10-41 所示。

❼ 制作文字。 置入"素材 05"，将其移动到图像上方。输入文字"放 / 眼 / 看 / 世 / 界"，设置字体为"苹方"，大小为"34 点"，字符间距为"200"，文字颜色为"#333333"，效果如图 10-42 所示。

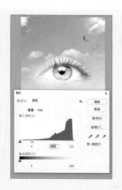

图 10-39   图 10-40

图 10-41   图 10-42

❽ 保存文件。 将图像保存，并生成 JPG 格式的副本文件，命名为"VR 世界 .jpg"。

156

10.3　滤镜综合应用

【微课讲堂】滤镜——城市风雨

使用滤镜完成城市风雨效果的制作。

> **任务素材**　素材文件 \ Ch10\ 10.3 城市风雨 \ 素材 01
> **任务效果**　实例文件 \ Ch10\ 城市风雨

❶ **打开文件。** 打开文件"素材文件 \ Ch10\ 10.3 城市风雨 \ 素材 01"，如图 10-43 所示。

❷ **新建图层并填充颜色。** 新建图层，填充黑色。

❸ **应用滤镜。** 在菜单栏中选择【滤镜】-【杂色】-【添加杂色】命令，设置数量为"60%"、分布为"平均分布"，勾选"单色"复选框，如图 10-44 所示。

图 10-43

❹ **应用滤镜。** 在菜单栏中选择【滤镜】-【模糊】-【高斯模糊】命令，设置半径为"2.0 像素"，如图 10-45 所示。

图 10-44

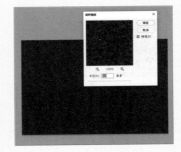

图 10-45

❺ **应用滤镜。** 在菜单栏中选择【滤镜】-【模糊】-【动感模糊】命令，设置角度为"67 度"、距离为"100 像素"，如图 10-46 所示。

❻ **调整色阶。** 按快捷键【Ctrl+L】调整色阶，提高对比效果，如图 10-47 所示。

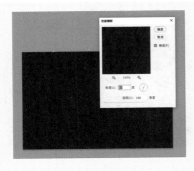

图 10-46

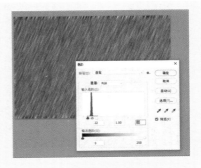

图 10-47

❼ **设置图层的混合模式。** 设置图层的混合模式为"滤色"，效果如图 10-48 所示。

❽ **保存文件。** 将文件存储为"城市风雨 .jpg"。

图 10-48

【微课讲堂】滤镜——时空穿梭

使用滤镜完成时空穿梭效果的制作，效果如图 10-49 所示。

任务素材	素材文件 \ Ch10\ 10.3 时空穿梭 \ 素材 02
任务效果	实例文件 \ Ch10\ 时空穿梭

❶ **新建文件。** 按快捷键【Ctrl+N】新建文件，其中宽度为"800 像素"、高度为"800 像素"、分辨率为"72 像素 / 英寸"。

❷ **设置默认颜色并应用滤镜。** 将前景色和背景色分别设置为"#b38adb""#212121"，在菜单栏中选择【滤镜】-【渲染】-【云彩】命令，效果如图 10-50 所示。

图 10-49

图 10-50

❸ **应用"镜头光晕"滤镜。** 在菜单栏中选择【滤镜】-【渲染】-【镜头光晕】命令，参数设置如图 10-51 所示。再次执行上述操作，同时调整光晕的位置，如图 10-52 所示。

❹ **应用"旋转扭曲"滤镜。** 在菜单栏中选择【滤镜】-【扭曲】-【旋转扭曲】命令，设置角度为"250度"，如图 10-53 所示，生成的效果如图 10-54 所示。

图 10-51

图 10-52

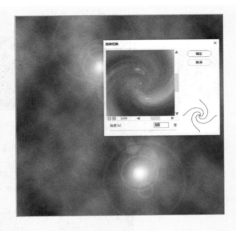

图 10-53

图 10-54

❺ **旋转图层并设置图层的混合模式。**复制背景图层，命名为"旋转"，在菜单栏中选择【编辑】-【变换】-【旋转 90 度 (顺时针)】命令，并调整图层的混合模式为"叠加"，效果如图 10-55 所示。

❻ **复制图层。**按快捷键【Ctrl+J】复制"旋转"图层，命名为"旋转 2"，效果如图 10-56 所示。

图 10-55

图 10-56

❼ **应用"路径模糊"滤镜。**置入"素材 02"，在菜单栏中选择【滤镜】-【模糊画廊】-【路径模糊】命令，设置路径角度如图 10-57 所示。

❽ **输入文字并保存文件。**按快捷键【Ctrl+J】复制"旋转 2"图层，将复制出的图层移动到最上层。输入文字，制作出最终效果，如图 10-58 所示。将文件存储为"时空穿梭 .jpg"。

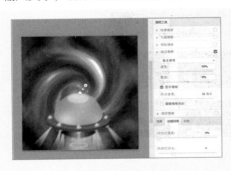

图 10-57

图 10-58

【创意设计】App 界面设计——VR 页面

随着移动设备的发展，人们的生活已经离不开各种各样的 App，下面利用 Photoshop 进行 App 界面设计，如图 10-59 所示。

> **项目素材**　素材文件 \ Ch10\ 10.3 VR 页面 \ 素材 04
> **项目效果**　实例文件 \ Ch10\ VR 页面

【设计背景】

为了树立科技兴国的民族自信心和自豪感，培养挑战自我、超越自我的学习态度和服务社会的责任与担当，小贤参加了学校举办的"科技创新活动""创新创业实践活动"等主题活动，设计了一款以"VR 世界"为主题的 App 界面。

【创想火花】

❶ 版面布局：布局清晰明了，视觉元素丰富，层级清晰。

❷ 板块分割：板块划分明确，页面重点突出。

❸ 布局强弱：好的界面应该具备"从强到弱再到强"的合理布局。

❹ 板块划分技巧：可使用"背景分割""分割线""分割块"等处理技巧。

图 10-59

【应用工具】

❶ 滤镜组；❷ 剪贴蒙版 。

【操作步骤】

❶ **打开文件并置入图像。** 打开"素材 04"，置入制作完成的"城市风雨.jpg"，如图 10-60 所示。

❷ **调整图像。** 调整图像的大小，放在左侧黑色框区域，并将"城市风雨"图层放在"图层 1"的上方，如图 10-61 所示。

❸ **创建剪贴蒙版。** 按快捷键【Alt+Ctrl+G】创建剪贴蒙版，如图 10-62 所示。

图 10-60

图 10-61

图 10-62

❹ **置入图像**。使用同样的方法，将制作好的其他素材置入并创建剪贴蒙版，如图 10-63 所示。

图 10-63

❺ 应用"镜头光晕"滤镜。选择背景图层，使用【矩形选框工具】在广告区域绘制一个矩形选区，如图 10-64 所示。按快捷键【Ctrl+J】复制图层，在菜单栏中选择【滤镜】-【渲染】-【镜头光晕】命令，参数设置如图 10-65 所示。

❻ 保存文件。生成最终效果图，如图 10-66 所示。保存文件，命名为"VR 页面"。

图 10-64

图 10-65

图 10-66

【思维拓展】多种多样的滤镜

滤镜的功能非常强大，滤镜通常可分为内置滤镜和外挂滤镜两类。内置滤镜有 17 组共 100 多种，外挂滤镜是由第三方厂商生产的数量庞大的插件。滤镜可以在广告特效、电影海报、VR 特效、摄影后期等领域中生成各种奇妙、夸张的图像效果。

10.4　课后实践

【项目设计】App 界面设计、电影海报设计

在以下项目中任选其一完成设计。

1. 根据 App 界面设计要点，完成视听 App 界面设计。
2. 结合科幻电影的特点，完成科幻电影海报设计。

162

11

创意广告设计

知识目标

- 了解广告创意的内涵；
- 掌握广告创意的原则；
- 掌握【矩形工具】、文字工具、【油漆桶工具】等的应用。

能力目标

- 能灵活运用所学工具和命令进行创意广告设计；
- 能根据广告创意的内涵和原则进行合理排版。

素养目标

以创意广告设计——知是荔枝来为载体，探索"农–文–旅"一体化发展的产业体系集群，实现乡村振兴的创新实践。通过制作项目，培养新时代青年的开拓进取与创新精神，灵活地应用已有知识和能力解决问题。

【项目引入】创意广告设计——知是荔枝来

本项目通过创意广告设计，介绍运用大胆、新奇的手法来制作与众不同的视觉效果，最大限度地吸引消费者，从而达到有效传播品牌与营销产品的目的。本项目通过创意广告设计——知是荔枝来，帮助读者巩固形状工具组、文字工具组、油漆桶工具组的使用方法，综合学习排版的要求和技巧。广告的最终效果如图 11-1 所示。

图 11-1

相关知识

　　创意广告设计是通过独特的技术手法或巧妙的广告创作脚本，突出体现产品特性和品牌内涵，并以此促进产品销售的设计手段。优秀的创意广告设计可瞬间抓住消费者，并引起其强烈的情绪性反应，是提高购买力、促进消费行为的有效因素；而低质量的创意广告设计，只会引起消费者的反感，导致消费者对商品的购买意愿下降，最终导致消费者终止对该品牌的关注。

　　现实中，广告界更愿意以"广告作品的创意性思维"来定义广告创意。

11.1　脑洞大开

　　在各种媒体非常发达的今天，人们每天看到的广告可谓不计其数。通过电视、报纸、杂志、灯箱、网页、巨型广告牌等各种媒介，人们会看到各种各样有创意、有质感、有内涵的广告。

　　宜家（IKEA）创意广告系列如图 11-2 所示，摄影师卡尔·克莱纳（Carl Kleiner）把这些蔬菜元素用同构的方法有趣地结合到一起，完成了这个广告，向人们诉说"新鲜的质量"，给人们带来了不一样的感受。

　　Faber-Castell（辉柏嘉）铅笔创意广告系列如图 11-3 所示，德国公司 Faber-Castell 生产铅笔、钢笔及其他办公用品，通过静物和铅笔颜色的联系，向人们传播新的口号"True Colours"（真实的色彩）。

图 11-2

图 11-3

　　汰渍洗衣粉创意广告设计如图 11-4 所示，雀巢咖啡系列创意广告设计如图 11-5 所示，这些构图和元素的运用，是否能激发你的想像力，让你"脑洞大开"？

图 11-4

图 11-5

11.2　广告创意内涵

❶ 创意是广告策略的表达，其目的是创作出有效的广告，促成交易；

❷ 广告创意是创造性的思维活动，这是创意的本质特征；

❸ 创意必须以消费者心理为基础（潜意识广告）；

❹ 广告是顾客了解产品的途径；

❺ 广告最重要的作用是使顾客通过广告产生购买产品的意愿。

11.3　广告创意原则

创新思维（或称创造性思维）是指人们在思考过程中能够不断提出新问题和想出问题解决方式的独特思维。可以说，凡是能想出新点子、创造出新事物、发现新路子的思维都属于创新思维。在构思广告创意的过程中，必须运用创新思维。为此，应把握以下原则。

❶ **冲击性原则**。在令人眼花缭乱的媒体广告中，要想迅速吸引人们的视线，在构思广告创意时就必须把提升视觉张力放在首位。可通过将摄影艺术与后期制作充分结合，拓展广告创意的视野与表现手法，产生强烈的视觉冲击力，给观众留下深刻印象。

❷ **新奇性原则**。新奇是广告作品引人注目的奥秘所在，也是一条不可忽视的广告创意原则。有了新奇，才能使广告作品有起伏，引人入胜；有了新奇，才能使广告主题得到深化、升华；有了新奇，才能使广告创意向更高的境界"飞翔"。

在广告创作中，由思维惯性和惰性形成的思维定势，使得不少创作者在复杂的思维领域里"爬着一条滑梯"，看似"轻车熟路"，实际却只能推动思维的轮子做惯性运动，"穿新鞋走老路"。这样的广告作品往往会造成读者视觉上的"麻木"，弱化广告的传播效果。

❸ **包蕴性原则**。吸引人们眼球的是形式，打动人心的是内容。独特、醒目的形式必须蕴含耐人思索的内容，这样才拥有吸引人一看再看的魅力。这就要求广告创意不能停留在表层，而要使"本质"通过"表象"显现出来，这样才能有效地挖掘读者内心深处的渴望。

好的广告创意是将人们熟悉的事物进行巧妙组合而达到新奇的传播效果。广告创意的确立、围绕创意的选材、材料的加工、后期制作，都伴随着形象思维的推敲过程。推敲的目的是使广告作品精确、聚焦、闪光。

❹ **渗透性原则**。感人心者，莫过于情。出色的广告创意往往把"以情动人"作为追求的目标，人最美好的感觉之一就是感动。情感的变化必定会引起态度的变化，就好比方向盘一拐，汽车就得跟着拐。

❺ **简单性原则**。一些揭示自然界普遍规律的表达方式都异常简单。国际上流行的创意风格越来越简单、明快。

一个好的广告创意表现方法包括 3 个方面：清晰、简练和结构得当。简单的本质是精简。广告创意的简单，除了从思想上提炼，还可以从形式上精简。简单明了绝不等于没有构思的粗制滥造，构思精巧也绝不意味着高深莫测。平中见奇、意料之外、情理之中往往是传媒广告人追求的目标。

总之，要得到一个带有冲击性、内涵丰富、能够感动人心、新奇而又简单的广告创意，首先需要想象和思考。只有运用创新思维，获得超常的创意来打破读者视觉上的"恒常性"，寓情于景、情景交融，才能使广告作品有一定厚度，取得超乎寻常的传播效果。

【创意设计】创意广告设计——知是荔枝来

广西壮族自治区的灵山县是著名的"中国荔枝之乡"，荔枝文化底蕴深厚，荔枝种植历史悠久，有"无荔不成村"之说。荔枝产业已成为灵山县的特色优势产业，形成了一、二、三产业高度融合，"农－文－旅"一体化发展的产业体系集群。"农－文－旅"融合发展是释放乡村活力、发展现代农业、促进农民增收的有益探索，也是推进乡村振兴的创新实践。因此，我们以广西壮族自治区灵山县的荔枝为主题，进行创意广告设计的学习，广告的最终效果如图 11-6 所示。

| 项目素材 | 素材文件＼Ch11＼素材 01～素材 04 |
| 项目效果 | 实例文件＼Ch11＼创意广告设计——知是荔枝来 |

【设计背景】

开拓进取与创新精神是国家和民族发展的不竭动力，也是新时

图 11-6

代青年应该具备的品质。灵山县打破陈旧框架，探索新领域和新技术，举办了一场荔枝展销会。参加了展销会的同学在了解灵山县荔枝的发展后，决定为灵山县的荔枝制作创意广告，帮助灵山县荔枝的推广。

【创想火花】

❶ 素材选择：素材内容应该根据选取的主题风格寻找，素材图片要高清大图。

❷ 背景选择：背景色要明亮、醒目，但不要太抢眼，否则会掩盖住你想传达的信息。

❸ 信息量传达：海报传达信息量越少，传达强度越大，越小的文字越不需要装饰。

❹ 文字排列：文字按从左到右或从上到下排列，给人干净、专业的视觉效果。

【应用工具】

❶【魔棒工具】；❷ 形状工具组；❸ 图层样式；❹ 文字工具。

【操作步骤】

1．素材置入与调整

❶ 新建文件。使用快捷键【Ctrl+N】新建文件，其中宽度为"21 厘米"、高度为"30 厘米"、分辨率为"150 像素／英寸"、颜色模式为"RGB 颜色"、背景色为"#9df0ff"。

❷ 制作渐变背景。新建图层，设置前景色为"#c1f5ff"、背景色为"#ffffff"，选择工具箱中的【渐变工具】，在其属性栏中单击【线性渐变】按钮，从上往下拖曳鼠标绘制渐变背景，并将图层的不透明度设置为"70%"，如图 11-7 所示。

❸ 置入素材并删除背景。置入"素材 01"并调整图像的大小和位置。栅格化图层后，选择工具箱中的【魔棒工具】，选取"素材 01"中的白色背景，按【Delete】键清除。

❹ 置入其他素材。置入其他素材并调整图像的大小、位置和方向，让素材之间的比例协调，如图 11-8 所示。

2．绘制基本图形

❶ 绘制托盘。设置前景色为"#c1f5ff"，为了不影响绘制，把"荔枝"等图层隐藏。选择工具箱中的【椭圆工具】，绘制托盘。设置填充为前景色、描边为"无颜色"，如图 11-9 所示。

图 11-7　　　　　　　　　　　　　　　　　　　　图 11-8

❷ **制作托盘的立体效果。**选中图层"椭圆 1",将其拖到"图层"面板底部的【创建新图层】按钮上,调整该图层的填充颜色为"#6ac0c5",并添加"投影"样式,参数设置如图 11-10 所示。调整图层顺序,选择工具箱中的【移动工具】,按住【Shift】键,按几次【↓】键,可调整托盘的厚度,制作出的托盘立体效果,如图 11-11 所示。

图 11-9　　　　　　　　　　　　　　　　　　　　图 11-10

❸ **制作荔枝的投影效果。**对"荔枝"图层添加"投影"样式,参数设置如图 11-12 所示。

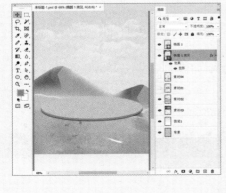

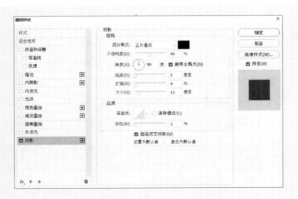

图 11-11　　　　　　　　　　　　　　　　　　　图 11-12

❹ **绘制波浪造型。** 新建图层"波浪"，选择工具箱中的【画笔工具】，设置前景色为"#a2effb"、大小为"15 像素"，硬度为"100%"，绘制波浪造型，如图 11-13 所示。

❺ **使用【油漆桶工具】填充颜色。** 复制"波浪"图层，设置前景色为"#ecfcfe"，选择工具箱中的【油漆桶工具】，填充浅蓝色，如图 11-14 所示。

图 11-13

图 11-14

3．添加文案并进行画面排版

❶ **添加主文字并设置效果。** 选择工具箱中的【横排文字工具】，输入文字"知是荔枝来"等主文字，更改字体、大小、颜色等，得到合适的字体样式，如图 11-15 所示。

注意

选择一个让人难忘的广告词，并让广告词的文字尽可能大，这样更能充分吸引观者的注意力，添加次要信息和详细内容时就使用小一些的文字。

图 11-15

❷ **添加副文字并进行画面排版。** 选择工具箱中的【横排文字工具】，输入"中国荔枝之乡"等副文字，设置合适的字体样式并进行画面排版，如图 11-16 所示。注意：文字应该成组分布，否则会显得杂乱无章。

❸ **添加小元素突出信息点。** 对于画面中略显空白的地方，可添加一些小元素，如图 11-17 所示，运用【矩形工具】和【椭圆工具】绘制出图形，并搭配文字，突出信息点。

❹ **保存文件。** 完成制作，将文件保存为"知是荔枝来 .psd"。

📖 **问题与思考**

关于农产品促销广告语和标题文案，你能说出几条？

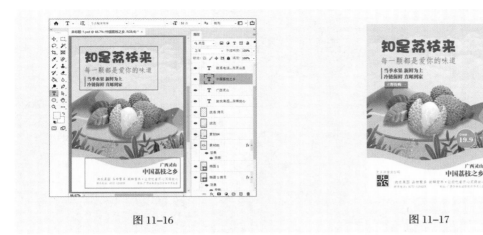

图 11-16　　　　　　　　　　　　　　　图 11-17

【思维拓展】提升设计效率

想要有效提升设计效率，我们需要去思考以下两个问题。

1. 对于画面中的图形、图像、文字、色彩等元素，如何合理地进行画面布局？

2. 在现有的主题设计框架中，可以通过替换产品主图、配色基调、促销文案等，快速完成主题相似的创意广告设计，如图 11-18 所示，这些主题相似的创意广告设计是否协调、统一？

图 11-18

11.4　课后实践

【项目设计】系列主题创意广告设计

选择你家乡的一款特色农产品，完成与"知是荔枝来"类似的创意广告设计。

【设计要求】

1. 自选主打产品（可到百度、花瓣网等网站上找素材图片，注意版权）。

2. 提炼促销广告语。

3. 系列相同、画面风格统一、画面大小一致。

文字特效篇

12

文字特效的应用

项目12

学习目标

知识目标
- 掌握文字工具组的应用；
- 掌握文字的变形技巧；
- 掌握文字的排版技巧。

能力目标
- 能灵活运用图层样式制作金属字体；
- 能灵活进行排版设计制作邀请函。

素养目标
　　以邀请函设计——中国－东盟职业教育联展暨论坛为载体，领略大国工匠的优良品质，培养良好的职业素养与敬业精神，在生活和学习上，专注严谨、精益求精、不断进取、求知创新。

【项目引入】邀请函设计——中国－东盟职业教育联展暨论坛

　　本项目主要介绍文字特效的制作、文字工具的使用和文字排版等。通过本项目的学习，读者可以根据设计任务的需要，制作出精美的特效文字，掌握文字排版的技巧，突出文本设计的重要信息，完成邀请函设计——中国－东盟职业教育联展暨论坛。邀请函的最终效果如图12-1所示。

图 12-1

相关知识

12.1 文字的特效

在平面设计作品中，文字是不可或缺的元素之一。Photoshop 提供了 4 种创建文字的工具，即【横排文字工具】、【直排文字工具】、【横排文字蒙版工具】和【直排文字蒙版工具】，其中前两种主要用来创建点文字、段落文字和路径文字，后两种主要用来创建文字选区。

- 创建点文字。选择工具箱中的【横排文字工具】，在画布上单击后直接输入的文字为点文字。创建点文字时，每行文字都是独立的，单行的长度会随着文字的增加而增长，但在默认状态下永远不会换行，只能手动换行。
- 创建段落文字。选择工具箱中的【横排文字工具】，在画布上绘制一个区域后，再输入的文字为段落文字。创建段落文字时，文字会基于指定的文字外框进行换行。按【Enter】键可以将文字分为多个段落，也可以通过调整外框来调整文字的显示区域范围。
- 创建路径文字。在制作文字效果时，经常需要对文字进行变形。利用【钢笔工具】或形状工具创建路径后，得到的沿着路径排版的富有动感的文字就是路径文字。在工具箱中选择【横排文字工具】，鼠标指针停放在路径上时会变为 ⅰ 图标，单击路径会出现闪烁的光标，此处为输入文字的起始点。输入的文字会按照路径的形状进行排列。

文字工具的属性栏如图 12-2 所示。

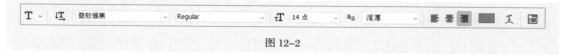

图 12-2

- 切换文本取向 ⅠT：如果当前文字是使用【横排文字工具】输入的，选中文本以后，在属性栏中单击【切换文本取向】按钮，可以将横向排列的文字更改为竖向排列的文字。
- 设置字体系列 微软雅黑 ：用于设置文字的字体。输入文字以后，如果要更改字体，可以选择文本，然后在属性栏中单击"设置字体系列"下拉列表，选择想要的字体。
- 设置字体样式 Regular ：用于设置文字的样式。输入文字后，可以在属性栏中设置字体的样式，包括"Regular"（规则）、"Italic"（斜体）、"Bold"（粗体）和"Bold Italic"（粗斜体）。
- 设置字体大小 ⅠT 14 点 ：输入文字以后，如果要更改字体的大小，可以直接在属性栏中输入数值，也可以在"设置字体大小"下拉列表中选择预设的字体大小。
- 设置消除锯齿的方法 ªa 浑厚 ：输入文字以后，可以在属性栏中为文字指定一种消除锯齿的方式，包括"无""锐利""犀利""浑厚""平滑"。
- 设置文本对齐方式 ≡≡≡：文字工具的属性栏中提供了 3 个设置文本对齐方式的按钮，分别为【左对齐文本】按钮、【居中对齐文本】按钮和【右对齐文本】按钮。如果当前使用的是【直排文字工具】，则会变为【顶对齐文本】按钮、【居中对齐文本】按钮和【底对齐文本】按钮。
- 设置文本颜色 ■：用于设置文字的颜色。输入文本时，文字颜色默认为前景色，如果要修改文字颜色，可以先选择文字，然后在属性栏中单击【设置文本颜色】按钮，在弹出的"拾色器（文本颜色）"对话框中设置所需要的颜色。

172

- 创建文字变形⏢：单击该按钮，可以打开"变形文字"对话框，在该对话框中可以选择文字变形的方式。
- 切换字符和段落面板▥：单击该按钮，可以打开"字符"面板和"段落"面板，用于调整文字格式和段落格式。

【微课讲堂】文字特效——金属字体

任务素材	素材文件 \ Ch12\ 12.1 金属字体 \ 素材 01～素材 02
任务效果	实例文件 \ Ch12\ 金属字体
选做素材	素材文件 \ Ch12\ 12.1 金属字体 \ 选做素材 01～选做素材 05
微课讲堂	扫一扫
	观看微课教学视频

扫码观看视频

1．输入文字

❶ 新建文件。使用快捷键【Ctrl+N】新建文件，其中宽度为"2126 像素"，高度为"1063 像素"，分辨率为"300 像素 / 英寸"，颜色模式为"RGB颜色"，背景色为"#00167b"。金属字体的效果图如图 12-3 所示。

图 12-3

❷ 创建新组。创建图层组并命名为"标题"。在工具箱中选择【横排文字工具】，在"标题"组下输入邀请函的标题内容，在属性栏中设置字体为"方正正大黑简体"、字体大小为"18 点"、消除锯齿的方法为"浑厚"、文字的段落格式为"居中对齐"、文字颜色为"#ffffff"，如图 12-4 所示。

❸ 设置文字。在"字符"面板设置"设置两个字符间的字距微调"为"度量标准"，将行距设为"36 点"，将"设置所选字符的字距调整"设为"100"，如图 12-5 所示。

图 12-4

图 12-5

❹ 突出文字。在工具箱中选择【横排文字工具】，选中需要突出显示的标题内容"职业教育联展暨论坛"，单击属性栏中的【切换字符和段落面板】按钮，设置字体大小为"30 点"，如图 12-6 所示。

2．设置文字的图层样式

❶ 添加样式。设置好邀请函的标题文字属性后，选中该文字图层，单击"图层"面板底部的【添加图层样式】按钮，如图 12-7 所示。

❷ 设置样式参数。选择"斜面和浮雕"样式，在弹出的对话框中设置"结构"中的样式为"浮雕效果"、方法为"平滑"、深度为"90%"、方向为"上"、大小为"5 像素"，"阴影"中的角度

为"115 度"，选择【载入等高线】命令，如图 12-8 所示，选择"素材 01.shc"，设置高光模式 – 不透明度为"75%"、阴影模式 – 不透明度为"75%"，如图 12-9 所示。

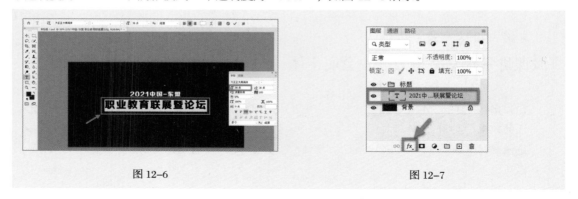

图 12-6   图 12-7

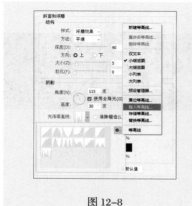
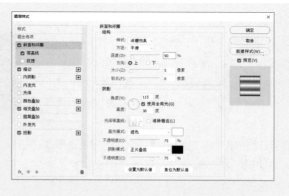

图 12-8   图 12-9

❸ **设置等高线**。选择【等高线】命令，设置等高线的图案为第 1 行第 6 个的样式，如图 12-10 所示，范围为"100%"。

❹ **添加样式**。添加"描边"样式，设置"结构"中的大小为"4 像素"、位置为"居中"、混合模式为"正常"、不透明度为"100%"，设置填充类型为"图案"，导入"素材 02.pat"，如图 12-11 所示，设置角度为"0 度"、缩放为"80%"，取消勾选"与图层链接"复选框，如图 12-12 所示。

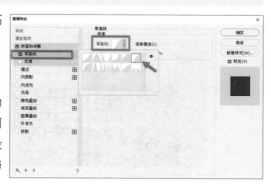

图 12-10

❺ **添加样式**。添加"渐变叠加"样式，单击【渐变】按钮，在弹出的"渐变编辑器"对话框中进行设置，设置名称为"自定"、渐变类型为"实底"、平滑度为"100%"，在位置 =0% 处添加颜色值为"#61421e"的色标 1，在位置 =17% 处添加颜色值为"#fafad9"的色标 2，在位置 =29% 处添加颜色值为"#61421e"的色标 3，在位置 =43% 处添加颜色值为"#c29a4f"的色标 4，在位置 =53% 处添加颜色值为"#fafad9"的色标 5，在位置 =61% 处添加颜色值为"#c29a4f"的色标 6，在位置 =74% 处添加颜色值为"#61421e"的色标 7，在位置 =87% 处添加颜色值为"#fafad9"的色标 8，在位置 =99% 处添加颜色值为"#61421e"的色标 9，如图 12-13 和图 12-14 所示。

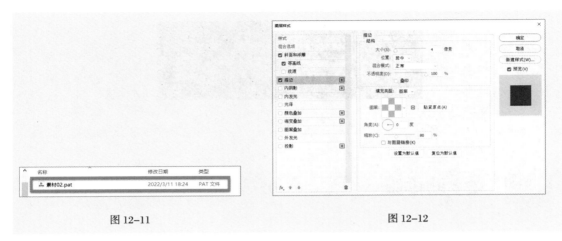

图 12-11　　　　　　　　　　　　　　　　图 12-12

❻ **添加样式**。添加"投影"样式，设置"结构"中的混合模式为"正片叠底"、不透明度为"80%"、角度为"115 度"、距离为"6 像素"、扩展为"0%"、大小为"8 像素"，如图 12-15 所示。

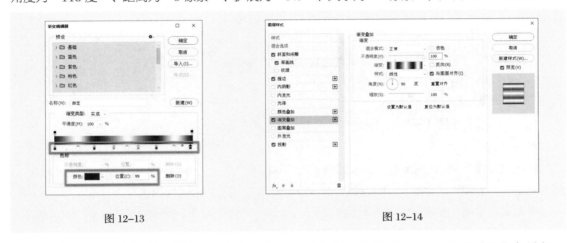

图 12-13　　　　　　　　　　　　　　　　图 12-14

❼ **添加样式**。选择【混合选项】命令，在高级混合中勾选"将内部效果混合成组"复选框，如图 12-16 所示。

图 12-15　　　　　　　　　　　　　　　　图 12-16

❽ **存储文件**。完成金属文字的制作，将文件另存为"金属字体 .psd"，效果如图 12-17 所示。

图 12-17

12.2 文字的排版

利用 Photoshop 提供的参考线，可以绘制水平参考线和垂直参考线，做好文字内容区域的划分，使文字内容水平居中，实现工整的排版布局。

【微课讲堂】文字的排版——邀请函内页设计

任务素材	素材文件 \ Ch12\ 12.2 邀请函内页设计 \ 素材 01 ～素材 02
任务效果	实例文件 \ Ch12\ 邀请函内页设计
微课讲堂	扫一扫 观看微课教学视频

1．添加文字

❶ 新建文件。使用快捷键【Ctrl+N】新建文件，其中宽度为"2126 像素"、高度为"2126 像素"、分辨率为"300 像素 / 英寸"、颜色模式为"RGB 颜色"、背景色为"#ffffff"。

❷ 新建参考线。在菜单栏中选择【视图】-【新建参考线】命令，分别新建"水平"和"垂直"位置为"1063 像素"的参考线，参数设置如图 12-18 和图 12-19 所示。

图 12-18

图 12-19

❸ 创建新组。创建图层组并命名为"邀请函内页"。在菜单栏中选择【文件】-【置入嵌入对象】命令，置入"素材 01"，将图层重命名为"金边"并拖动到"邀请函内页"组中，使用【移动工具】将金边拖动到水平参考线的正下方居中位置，如图 12-20 所示。

❹ 添加邀请函正文。在工具箱中选择【横排文字工具】，绘制一个适当大小的文本框，在文本框中输入邀请函正文，在属性栏中设置字体为"黑体"、字体大小为"12 点"、消除锯齿的方法为"锐利"、文字的段落格式为"左对齐"、文字颜色为"#000000"，并使用【移动工具】将正文内容移动到水平参考线的正下方，如图 12-21 所示。

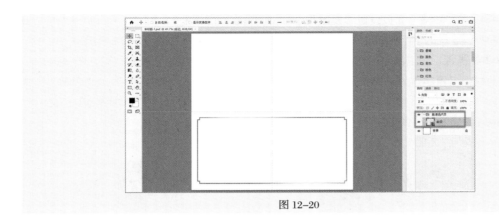

图 12-20

图 12-21

2．文字排版

❶ **调整字符**。在"字符"面板设置"设置两个字符间的字距微调"为"0"，将行距设为"16 点"，将"设置所选字符的字距调整"设为"50"，如图 12-22 所示。

❷ **添加敬语**。在工具箱中选择【横排文字工具】，在正文下方输入敬语"特此邀请"，在属性栏中设置字体为"黑体"、字体大小为"12 点"、消除锯齿的方法为"浑厚"、文字的段落格式为"左对齐"、文字颜色为"#000000"，使用【移动工具】将其移动到正文内容的下方并对齐，如图 12-23 所示。

图 12-22

图 12-23

❸ **调整字符。** 在"字符"面板设置"设置两个字符间的字距微调"为"0"，将行距设为"17.5点"，将"设置所选字符的字距调整"设为"0"，选择【仿粗体】⚞，如图 12-24 所示。

❹ **添加邀请者署名。** 在工具箱中选择【横排文字工具】，在正文的右下角输入论坛的主办方和承办方，在属性栏中设置字体为"黑体"、字体大小为"12 点"、消除锯齿的方法为"浑厚"、文字的段落格式为"左对齐"、文字颜色为"#000000"，并使用【移动工具】将其移动到正文内容的右下角署名位置，如图 12-25 所示。

图 12-24   图 12-25

❺ **调整字符。** 在"字符"面板设置"设置两个字符间的字距微调"为"0"，将行距设为"14 点"，将"设置所选字符的字距调整"设为"0"，如图 12-26 所示。

❻ **添加论坛的时间和地址。** 在工具箱中选择【横排文字工具】，在正文右上方的位置输入论坛的时间和地址，在属性栏中设置论坛时间的字体为"黑体"、论坛地址字体为"Adobe 黑体Std"、字体大小为"12 点"、消除锯齿的方法为"无"、文字的段落格式为"左对齐"、文字颜色为"#867116"，并使用【移动工具】将其移动到水平参考线的上方和垂直参考线的右侧，如图 12-27 所示。

图 12-26   图 12-27

❼ **调整字符。** 在"字符"面板，设置论坛时间对应的"设置所选字符的字距调整"为"50"，将论坛地址对应的"设置所选字符的字距调整"设为"50"，"设置两个字符间的字距微调"设为"0"、行距设为"14 点"，如图 12-28 和图 12-29 所示。

图 12-28　　　　　　　　　　　　　　图 12-29

3．绘制图形和添加路径文字

❶ **绘制椭圆。** 在工具箱中选择【椭圆工具】，按【Shift】键绘制圆形，在属性栏中选择"形状"，设置填充为"纯色"（冷色组中的"黑冷褐色"）、描边为"渐变"（线性渐变填充为"#404d9e、#2e61a6"，角度为"-26°"，像素为"4 点"）、W 为"700 像素"、H 为"700 像素"，图层名为"椭圆 1"，如图 12-30 所示。

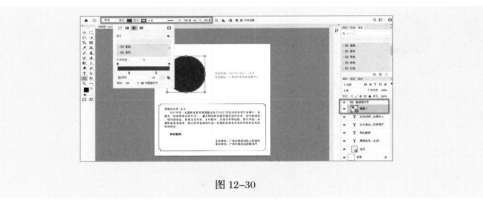

图 12-30

❷ **置入图片。** 置入"素材 02"，并调整好图像的位置和大小，按快捷键【Alt+Ctrl+G】创建剪贴蒙版，如图 12-31 所示。

图 12-31

❸ **绘制椭圆路径，制作弧形的文字效果。** 在工具箱中选择【椭圆工具】，绘制圆形区域；在属性栏中选择"形状"，设置填充为"无颜色"、描边为"无颜色"、W 为"700 像素"、H 为"700 像素"，如图 12-32 所示。

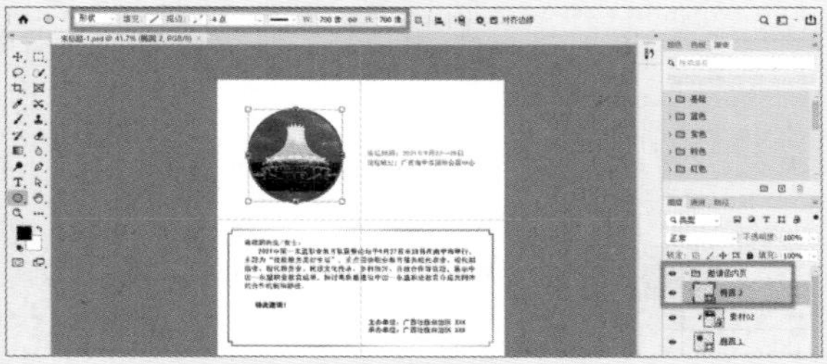

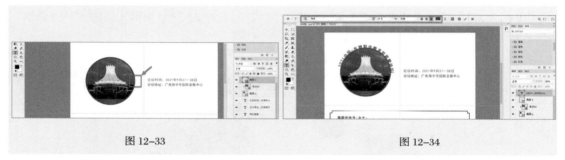

图 12-32

❹ **添加路径文字。**在工具箱中选择【横排文字工具】，将鼠标指针放置在前面绘制好的椭圆 2 边框上，如图 12-33 所示，输入文本内容，实现文字沿路径排列；在属性栏中设置论坛时间的字体为"黑体"、字体大小为"14 点"、消除锯齿的方法为"浑厚"、文字的段落格式为"右对齐"、文字颜色为"#76692e"，如图 12-34 所示。

图 12-33   图 12-34

❺ **保存文件。**完成邀请函内页的制作，将文件另存为"邀请函内页设计 .psd"，如图 12-35 所示。

图 12-35

【创意设计】邀请函设计——中国－东盟职业教育联展暨论坛

邀请函是邀请知名人士、专家等参加某项活动时所发出的请约性书信，它在国际交往和各种企事业单位合作活动中应用广泛。邀请函的设计如图 12-36 和图 12-37 所示，风格统一、突出主体内容、明确需求分析是设计邀请函的关键。"中国－东盟职业教育联展暨论坛"邀请函设计的需求分析表如表 12-1 所示。

表 12-1　需求分析表

需求	详细内容
邀请函主题	广西壮族自治区教育厅承办的中国 – 东盟职业教育联展暨论坛邀请函
邀请函特点	邀请函的作用是向受邀者发起邀约,因此活动主题、时间、地点必须放在醒目的位置,设计的元素还应与活动论坛相关,可添加标志性建筑
邀请函封面	封面和封底同时设计,风格统一,突出论坛名称和主题
邀请函内页	邀请内容详情,注重排版布局,图文混排
邀请函风格	稳重大气,精致高级
主要色调	金色、蓝色

　　项目素材　素材文件 \ Ch12\ 中国 – 东盟职业教育联展暨论坛 \ 素材 01 ～素材 04
　　项目效果　实例文件 \ Ch12\ 中国 – 东盟职业教育联展暨论坛 \ 邀请函设计

图 12-36

图 12-37

【设计背景】

　　学校为了让学生认识真正的匠心,领略大国工匠的优良品质,培养良好的职业素养与敬业精神,在生活和学习上养成专注严谨、精益求精、不断进取、求知创新的好习惯,开展了观看纪录片《我在故宫修文物》的活动。学生们在观看之后,都分享了自己对匠人匠心的新认识和理解。在以"基层工作是否需要学习匠心精神"为主题的班级辩论赛结束后,同学们以邀请函设计活动为契机,感受工匠精神的内涵。

【创想火花】

❶ 字体设计:为标题文字设计金属字体,突出邀请函的标题内容。

❷ 封面设计:使用渐变色块,增加邀请函的灵动性和辨识度,同时提升图标视觉美观效果。

❸ 内页设计:板块划分明确、视觉元素丰富、层级清晰,页面重点突出,有视觉重点。

【应用工具】

❶ 文字工具;❷ 图层样式;❸ 参考线;❹ 选框工具。

【操作步骤】

1．设计邀请函封面样式

❶ **新建文件。** 使用快捷键【Ctrl+N】新建文件，其中宽度为"2126"像素、高度为"2126"像素、分辨率为"300 像素 / 英寸"、颜色模式为"RGB 颜色"、背景色为"#ffffff"。

❷ **新建参考线。** 在菜单栏中选择【视图】-【新建参考线】命令，分别新建"水平"和"垂直"位置为"1063 像素"的参考线，参数设置如图 12-38 和图 12-39 所示。

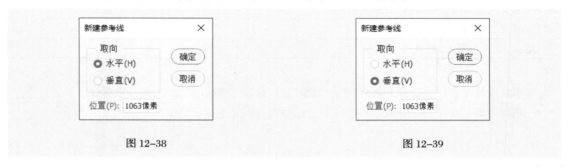

图 12-38   图 12-39

❸ **创建新组并置入素材。** 创建新图层组并命名为"背景"。置入"素材 01"，调整好图像的位置和大小，设置图层的混合模式为"减去"、不透明度为"60%"，如图 12-40 所示。

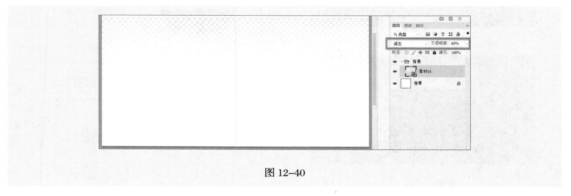

图 12-40

❹ **制作封面背景。** 在"背景"组下新建图层，命名为"蓝底"，在工具箱中选择【矩形选框工具】，绘制矩形框，设置填充颜色为"#001586"，如图 12-41 所示。

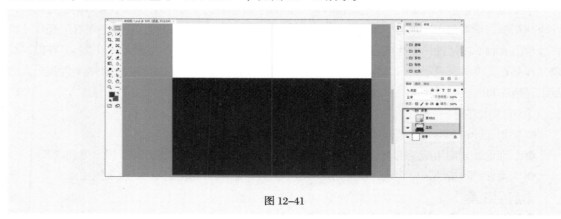

图 12-41

❺ **置入素材。** 置入"素材 02"，并调整好图像的大小和位置，如图 12-42 所示。

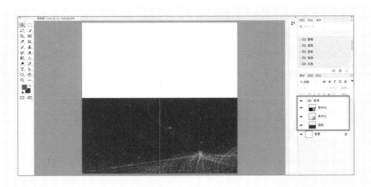

图 12-42

2．制作封面文字内容。

邀请函的封面文字内容包括邀请函的活动主题、诚挚邀请的话语、活动时间和地址等。

❶ 制作金属文字效果。新建图层组并命名为"标题"，输入标题文字，制作标题文字的金属文字效果，可参考"【微课讲堂】文字特效——金属字体"，如图 12-43 所示。

图 12-43

❷ 添加主题文字。新建图层组并命名为"内容文字"。在工具箱中选择【横排文字工具】，在"内容文字"组下输入邀请函的活动主题，在属性栏中设置字体为"方正粗宋简体"、字体大小为"14 点"、消除锯齿的方法为"平滑"、文字的段落格式为"左对齐"、文字颜色为"#ffe0c7"；同时在"字符"面板设置"设置两个字符间的字距微调"为"0"，将行距设为"14.8 点"，将"设置所选字符的字距调整"设为"75"，如图 12-44 所示。

图 12-44

❸ **添加其他文字。** 在工具箱中选择【横排文字工具】，在"内容文字"组下输入诚邀语句，在属性栏中设置字体为"宋体"、字体大小为"8 点"、消除锯齿的方法为"锐利"、文字的段落格式为"左对齐"、文字颜色为"#ffffff"；同时在"字符"面板设置"设置两个字符间的字距微调"为"0"，将行距设为"4.05 点"，将"设置所选字符的字距调整"设为"100"，取消选择【全部大写字母】 $\mathbf{TT}$ ，如图 12-45 所示。

图 12-45

❹ **添加其他文字。** 在工具箱中选择【横排文字工具】，在"内容文字"组中输入邀请函的活动时间和地址，在属性栏中设置字体为"方正粗宋简体"、字体大小为"9 点"、消除锯齿的方法为"浑厚"、文字的段落格式为"居中对齐"、文字颜色为"#ffffff"，如图 12-46 所示。

图 12-46

❺ **设置文字。** 选中活动时间"9 月 27—28 日"，"字符"面板中的参数设置如图 12-47 所示。选中活动地址"广西．南宁"，"字符"面板中的参数设置如图 12-48 所示。

图 12-47

图 12-48

3．绘制邀请函图标

❶ **添加文字**。新建图层组并命名为"邀请函图标"。在工具箱中选择【横排文字工具】，在邀请函封面的左上角输入"邀请函"，在属性栏中设置字体为"方正粗宋简体"、字体大小为"18 点"、消除锯齿的方法为"浑厚"、文字的段落格式为"居中对齐"、文字颜色为"#ffffff"；同时在"字符"面板中设置"设置两个字符间的字距微调"为"0"，将行距设为"29.54 点"，将"设置所选字符的字距调整"设为"0"，如图 12-49 所示。

图 12-49

❷ **添加图层样式**。双击"图层"面板中的"邀请函"图层，打开"图层样式"对话框，添加"渐变叠加"样式，参数设置如图 12-50 所示。

❸ **设置"渐变编辑器"对话框**。在"渐变编辑器"对话框中将渐变填充色设置为"#ffd486、#ce9c67、#c8a269、#ffd3b4"，如图 12-51 所示。添加图层样式"投影"，设置"结构"中的不透明度为"32%"、角度为"115 度"、距离为"3 像素"、扩展为"20 像素"、大小为"5 像素"，如图 12-52 所示。

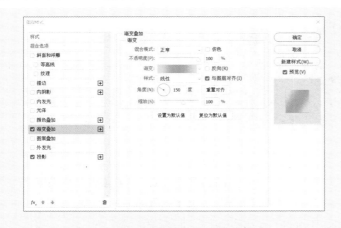

图 12-50

图 12-51

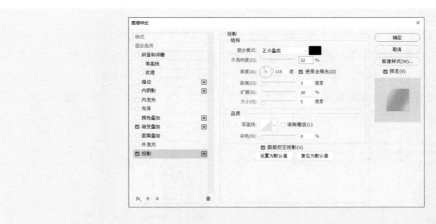

图 12-52

❹ 置入素材。 置入"素材 03"，调整其位置，如图 12-53 所示。

图 12-53

❺ 添加英文。 在工具箱中选择【横排文字工具】，在邀请函封面的左上角方框内输入英文"Invitation"，参数设置如图 12-54 所示。

图 12-54

❻ 设置文字。 在"Invitation"下方输入口号"携手并肩．共创未来"，在属性栏中设置字体为"宋体"、字体大小为"6 点"、消除锯齿的方法为"浑厚"、文字的段落格式为"左对齐"、文字颜色为"#ffe0c7"；同时在"字符"面板中设置"设置两个字符间的字距微调"为"0"，将行距设为"7 点"，将"设置所选字符的字距调整"设为"0"，如图 12-55 所示。

❼ 链接图层。 将"邀请函图标"组的所有图层链接起来，如图 12-56 所示。

图 12-55　　　　　　　　　　　　　　　　　　　　　图 12-56

4．制作邀请函封底

❶ **新建图层组。** 新建图层组并命名为"封底"，使用【矩形选框工具】在封底绘制矩形选区，再为其填充蓝色（#001586），如图 12-57 所示。

图 12-57

❷ **复制图层组"邀请函图标"。** 复制图层组"邀请函图标"并将复制出的图层组移动到"封底"图层组的上方，选中"邀请函图标　拷贝"图层组中的所有图层，按快捷键【Ctrl+T】进入自由变换状态，将邀请函图标旋转 180°，并调整其位置，如图 12-58 所示。

图 12-58

❸ **输入主办方和承办方。** 在工具箱中选择【横排文字工具】，输入主办方和承办方。在属性栏中设置字体为"方正粗宋简体"、字体大小为"9 点"、消除锯齿的方法为"锐利"、文字的段落格式为"左对齐"、文字颜色为"#706565"；同时在"字符"面板设置"设置两个字符间的字距微调"为"0"，将行距设为"16 点"，将"设置所选字符的字距调整"设为"0"，如图 12-59 所示。

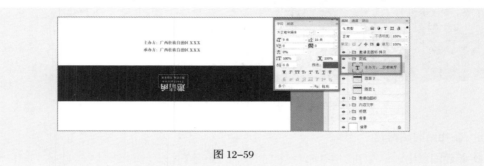

图 12-59

❹ **旋转主办方和承办方。** 因为是封底，所以按快捷键【Ctrl+T】进入自由变换状态，将主办方和承办方旋转 180°，如图 12-60 所示。

❺ **保存文件。** 将文件另存为"邀请函设计.psd"，效果如图 12-61 所示。

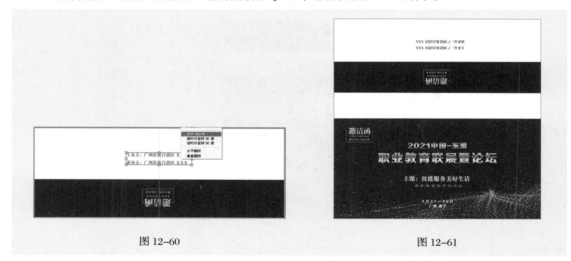

图 12-60   图 12-61

📖 **问题与思考**

1. 邀请函的内容设计一般包含哪些内容？封面和内页设计各有什么特点？

2. 怎么保持邀请函整体设计风格的统一？

【思维拓展】产品手册设计

产品手册是许多公司展示经营情况和未来发展规划必不可少的一种宣传手册，一个设计优良的产品手册既能够让广大顾客了解商品本身的作用和特性，还可以协助公司开展较好的产品广告宣传。产品手册的设计通常由 3 个要素组成，即商品、品牌和策划文案。商品是被传达的主体，品牌是商品的识别标志，策划文案用来剖析商品。根据产品手册的设计方案，分析产品手册的设计思路与邀请函有何共同点和不同点，思考怎么巧妙地进行版面布局和保持设计风格的整体统一。广州赤火广告设计部的项目设计案例如图 12-62 所示。

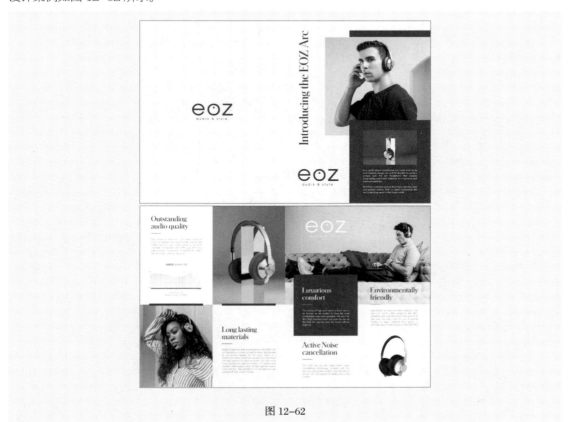

图 12-62

12.3　课后实践

【项目设计】邀请函设计

为华为公司的新品手机发布会设计一款邀请函，要求风格简约大气。

【设计要求】

1. 参考同类企业的邀请函设计，并根据华为公司自身特点和需求，设计邀请函的内容主体。（10分）

2. 要求邀请函设计从统一性、主题配色、排版布局和图片运用等方面进行设计，展现华为手机的特点。（30分）

3. 用 Photoshop 完成邀请函的封面和内页的设计。（40分）

4. 提交两类文件：素材文件、PSD 格式的源文件。（15分）

5. 将文件命名为"班级姓名 - 邀请函"，如"信息 2101 班张三 - 邀请函"。（5分）

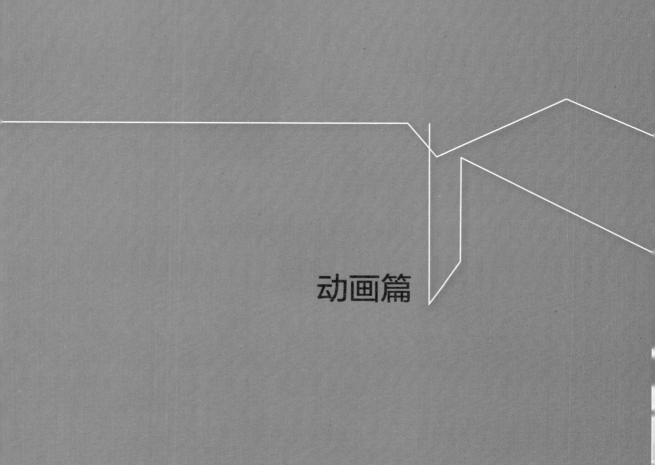

动画篇

动画制作和"动作"面板

知识目标

● 掌握"时间轴"面板的应用技巧；
● 掌握"动作"面板的使用方法。

能力目标

● 能使用帧动画完成简单动画的制作；
● 能使用"动作"面板录制系列动作；
● 能完成风格统一的系列主题社会文明类公益广告设计。

素养目标

　　以公益广告——"节约用水　保护水源"为载体，增强生态保护意识。通过项目制作，树立保护生态、营造和谐社会等理念，培养良好的社会责任感和担当精神。

◎【项目引入】公益广告——"节约用水　保护水源"

　　本项目通过公益广告——"节约用水　保护水源"，介绍动画制作和"动作"面板的使用方法。公益广告的最终效果如图13-1所示。

图13-1

相关知识

13.1 动画制作

Photoshop 能实现简单的动画制作，时间轴里的一个画面称为一帧。在菜单栏中选择【窗口】-【时间轴】命令，可以打开"时间轴"面板，该面板底部的【转换为视频时间轴】按钮用于进行类型的切换，如图 13-2 所示。帧动画则是由许多独立的帧组成，当连续播放帧时，就产生了动画效果。

图 13-2

【微课讲堂】动画制作——动态按钮

下面介绍动态按钮的制作，利用时间轴帧动画，把不同的内容分图层进行设计，通过图层的显示/隐藏来控制每一帧显示，还可以通过每一帧的时间设置来控制每个画面的播放速度，案例效果如图 13-3 所示。

> **任务素材** 素材文件 \ Ch13\ 13.1 动态按钮 \ 素材 01
> **任务效果** 实例文件 \ Ch13\ 13.1 动态按钮
> **选做素材** 素材文件 \ Ch13\13.1 动态按钮 \ 选做素材 01 ～选做素材 03

❶ 打开效果图文件。打开文件"素材文件 \ Ch13\ 13.1 动态按钮 \ 素材 01"，如图 13-4 所示。

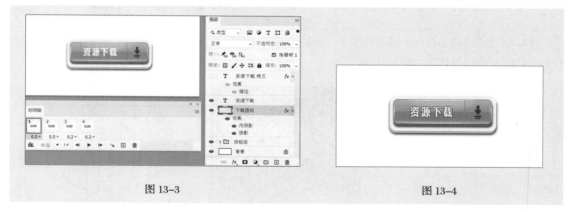

图 13-3   图 13-4

❷ 打开"时间轴"面板。在菜单栏中选择【窗口】-【时间轴】命令，打开"时间轴"面板，面板底部的【转换为视频时间轴】按钮 可以实现"视频时间轴"和"帧动画"的转换。单击面板底部的【复制所选帧】按钮，创建 4 帧动画，如图 13-5 所示。如果设置错误，可以单击面板底部的【删除所选帧】按钮删除所选帧后重新复制帧。

❸ 设置第 1 帧动画的时间和显示内容。将需要显示的图层内容显示，将不需要显示的图层内容隐藏。显示"按钮组""下载图标""资源下载"，单击"时间轴"面板中的【选择帧延迟时间】按钮，将时间设置为 0.5 s，如图 13-6 所示。

❹ **在第 2 帧、第 3 帧动画中设置文字的描边效果。**将所有图层显示，将第 2 帧、第 3 帧的时间分别设置为 0.5 s 和 0.2 s，如图 13-7 所示。

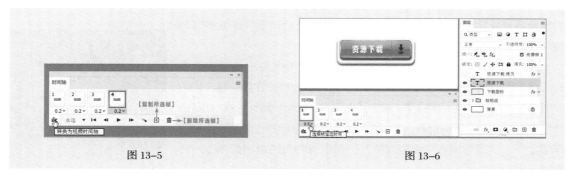

图 13-5　　　　　　　　　　　　　　　　　　图 13-6

❺ **在第 4 帧动画中设置文字的闪烁效果和下载图标的下沉效果。**将"资源下载 拷贝"文字图层隐藏，并按键盘中的【↓】键将"下载图标"图层中的图像向下移动几像素，如图 13-8 所示。

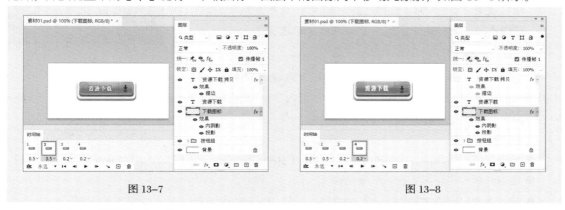

图 13-7　　　　　　　　　　　　　　　　　　图 13-8

❻ **测试动画播放效果。**单击"时间轴"面板底部的【播放动画】按钮▶，测试动画播放效果。

❼ **导出 GIF 格式的动画。**在菜单栏中选择【文件】-【导出】-【存储为 Web 所有格式】，具体参数设置如图 13-9 所示。

❽ **保存文件。**单击【存储】按钮，文件名设为"动态按钮"，格式设为"仅限图像"，单击【保存】按钮，即可得到动画效果的 GIF 格式的文件。按钮最终效果如图 13-10 所示。

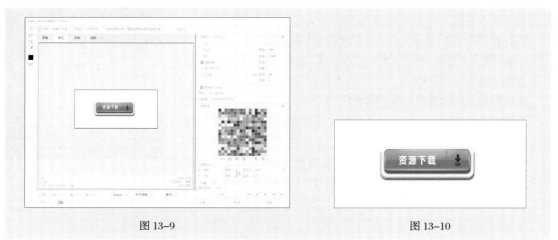

图 13-9　　　　　　　　　　　　　　　　　　图 13-10

【创意设计】公益广告——"节约用水　保护水源"

公益广告为非商业性广告，是社会公益事业的一个重要部分，它拥有广泛的受众。公益广告的内容大多是社会性题材，因此它展现的基本是社会问题，这就更容易深入人心和引起公众的共鸣。

公益广告通常由政府有关部门制作，广告公司和部分企业也会参与公益广告的制作，或完全由他们完成。各企事业单位在做公益广告的同时也借此提高了企业的形象，向社会展示了企业的理念。这些都是由公益广告的社会性所决定的，公益广告是很好的企业与社会公众沟通的渠道之一。"节约用水　保护水源"公益广告的最终效果如图 13-11 所示。

图 13-11

项目素材	素材文件 \ Ch13\ 13.1 节约用水　保护水源 \ 素材 01
项目效果	实例文件 \ Ch13\ 13.1 节约用水　保护水源
选做素材	素材文件 \ Ch13\ 选做素材 – 萌娃眨眼

194

【设计背景】

树立生态保护理念，加强生态保护意识，培养良好的社会责任感和担当精神是每个人的基本素养。创意设计小组为了参加市里的比赛，决定以"节约用水　保护水源"为主题设计一则公益广告。

【创想火花】

❶ 元素提炼：用水滴、干裂的土地、荒漠上的枯枝等元素，突出"节约用水 保护水源"的主题。

❷ 色彩分析：可用天蓝色、翠绿色等。

❸ 动画效果：水滴的渗透、小苗的成长、荒漠变绿洲等动画有画面感并能突显视觉重点。

【应用工具】

❶【渐变工具】；❷ 文字工具；❸ 图层样式；❹ 蒙版应用；❺ "时间轴"面板。

【操作步骤】

❶ 打开效果图文件。打开文件"素材文件 \ Ch13\ 13.1 节约用水 保护水源 \ 素材 01"，如图 13-12 所示。

❷ 打开"时间轴"面板。在菜单栏中选择【窗口】-【时间轴】命令，打开"时间轴"面板，单击该面板底部的【复制所选帧】按钮，创建 6 帧动画，如图 13-13 所示。

❸ 设置第 1 帧动画的时间和显示内容。将"背景组"和"标题组"显示，单击"时间轴"面板中的【选择帧延迟时间】按钮，将时间设置为 0.5s，如图 13-14 所示。

❹ 在第 2 帧、第 3 帧动画中设置下落的水滴。第 2 帧、第 3 帧动画"滴水组"的图层显示和时间轴的时间设置如图 13-15、图 13-16 所示。

图 13-12

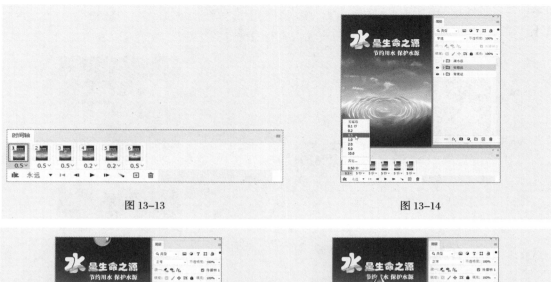

图 13-13 图 13-14

图 13-15

图 13-16

❺ 在第 4 帧动画中设置水滴落到水面溅起小水花。在第 4 帧动画中显示"滴水组"中的"素材 05"图层和"素材 03"图层，如图 13-17 所示。

❻ 在第 5 帧、第 6 帧动画中水花效果。在第 5 帧动画，多复制几次水花，调整图像的大小和位置，如图 13-18 所示。第 6 帧的动画设置和第 5 帧一样，调整播放的时间。

图 13-17 图 13-18

❼ 测试动画播放效果。单击"时间轴"面板底部的【播放动画】按钮，测试动画播放效果。

❽ 导出 GIF 格式的动画。在菜单栏中选择【文件】-【导出】-【存储为 Web 所有格式】，具

体参数设置如图 13-19 所示。文件名设为"节约用水　保护水源"，格式设为"仅限图像"，单击【保存】按钮，即可得到动画效果的 GIF 格式的文件。广告最终效果如图 13-20 所示。

图 13-19　　　　　　　　　　　　　　　　　　　　　　　图 13-20

196

13.2　"动作"面板

在"动作"面板中，Photoshop 提供了很多效果的动作命令，应用这些动作命令可以快捷地制作出多种实用的图像效果。还可以通过录制命令，录制常用的操作步骤，通过播放对一批需要进行相同处理的图像执行批处理操作，实现图像的快速处理。在菜单栏中选择【窗口】-【动作】命令，或者按快捷键【Alt+F9】，可打开"动作"面板，如图 13-21 所示。在"动作"面板中，可以实现创建新动作、记录动作、停止记录和播放动作等功能，具体的操作方法详见【微课讲堂】"动作"面板——抠图"神器"。

图 13-21

【微课讲堂】"动作"面板——抠图"神器"

在进行通道抠图时，白底图像需要先反相，再进行通道抠图，黑底图像则不需要进行反相。

任务素材	素材文件 \ Ch13\ 13.2 抠图"神器" \ 素材 01
选做素材	素材文件 \ Ch13\ 13.2 抠图"神器" \ 选做素材 01 ～选做素材 03
微课讲堂	扫一扫 观看微课教学视频

扫码观看视频

1．记录动作

❶ **打开素材文件**。打开素材文件"素材文件 \ Ch13\ 13.2 抠图"神器" \ 素材 01"，如图 13-22 所示。

❷ **打开"动作"面板并创建新动作**。在菜单栏中选择【窗口】-【动作】命令，打开"动作"面板，单击该面板底部的【创建新动作】按钮 🖽，如图 13-23 所示。命名为"抠图神器 - 白底"，单击【记录】按钮 ▪，开始记录后"动作"面板底

图 13-22

部的【开始记录】按钮 ⬤ 会变成红色，如图 13-24 所示。

图 13-23　　　　　　　　　　　　　　　　　图 13-24

2. 抠图

❶ 反相。对于白底图像，需按快捷键【Ctrl+I】进行反相，如图 13-25 所示。

❷ 载入"红"通道的选区。在菜单栏中选择【窗口】-【通道】命令，打开"通道"面板，按住【Ctrl】键，单击"红"通道的缩览图，载入"红"通道的选区。

❸ 新建图层并用"红"通道选区填充红色。回到"图层"面板，新建"红色"图层，将前景色设置为红色（#ff0000），按快捷键【Alt+Delete】填充红色，如图 13-26 所示。

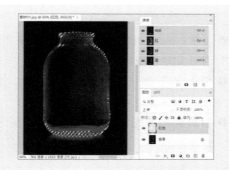

图 13-25　　　　　　　　　　　　　　　　　图 13-26

❹ 隐藏图层。隐藏"红色"图层，将当前图层设置为"背景"图层，如图 13-27 所示。

❺ 新建图层并用"绿"通道选区填充绿色。按第 ❷ ～ ❹ 步载入"绿"通道的选区，新建"绿色"图层并填充绿色（#00ff00），如图 13-28 所示。

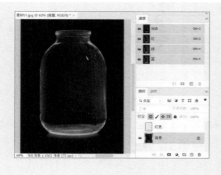

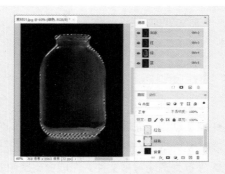

图 13-27　　　　　　　　　　　　　　　　　图 13-28

❻ **新建图层并用"蓝"通道选区填充蓝色。**按第 ❷ ～ ❹ 步载入"蓝"通道的选区，新建"蓝色"图层并填充蓝色（#0000ff），如图 13-29 所示。

❼ **设置图层的混合模式为"滤色"。**同时选择"红色"图层、"绿色"图层、"蓝色"图层，设置图层的混合模式为"滤色"，如图 13-30 所示。

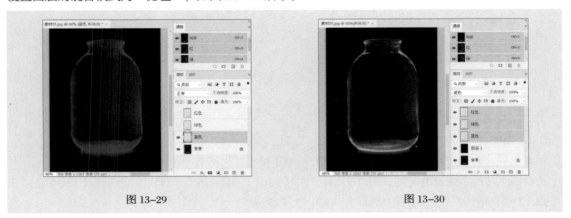

图 13-29   图 13-30

❽ **合并图层。**同时选择"红色"图层、"绿色"图层、"蓝色"图层，右击并选择【合并图层】命令，在"背景"图层上新建图层，填充黑色，隐藏该图层，完成白底图像的抠图，如图 13-31 所示。

❾ **反相。**按快捷键【Ctrl+I】对抠好的图像进行反相。

3. 停止记录和播放动作

❶ **停止记录。**完成抠图的操作步骤后，单击"动作"面板底部的【停止记录】按钮■，完成动作操作的记录。

❷ **打开新的抠图素材。**打开需要抠图的白底图像，如"13.2 抠图神器 \ 选做素材 01"，如图 13-32 所示。

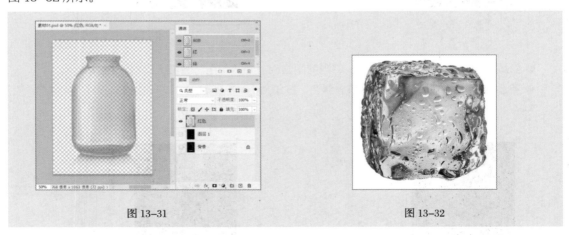

图 13-31   图 13-32

❸ **播放动作，完成快速抠图。**打开"动作"面板，选择前面创建的新动作"抠图神器 - 白底"，单击该面板底部的【播放选定的动作】按钮▶，如图 13-33 所示，即可完成快速抠图。

❹ **保存为透明背景文件。**完成白底图像的快速抠图，保存文件，效果如图 13-34 所示。

图 13-33　　　　　　　　　　　　　　　　　　　　图 13-34

问题与思考

1. 公益广告的媒体呈现有哪几种形式?
2. 在设计上怎么把控系列主题的风格统一?

【思维拓展】学习借鉴,思路提升

　　昵图网是一个很好的案例学习平台,提供了大量的素材和案例,如图 13-35 所示。设计思路的提升、版面风格的统一、主题文字的提炼等,都需要多观摩优秀的作品和借鉴行业设计师的经验,学人之长,补己之短。

图 13-35

13.3 课后实践

【项目设计】公益广告设计

完成社会文明类公益广告设计。

【设计要求】

1. 以"节约用水 保护水源"设计风格为基础，设计系列主题社会文明类公益广告。
2. 不少于 3 个主题。
3. 制作该主题公益广告的动画效果。